自然再生をビジネスに活かす

ネイチャーポジティブ

企 業 成 長 に つ な げ る
環 境 世 界 目 標

松木 喬［著］

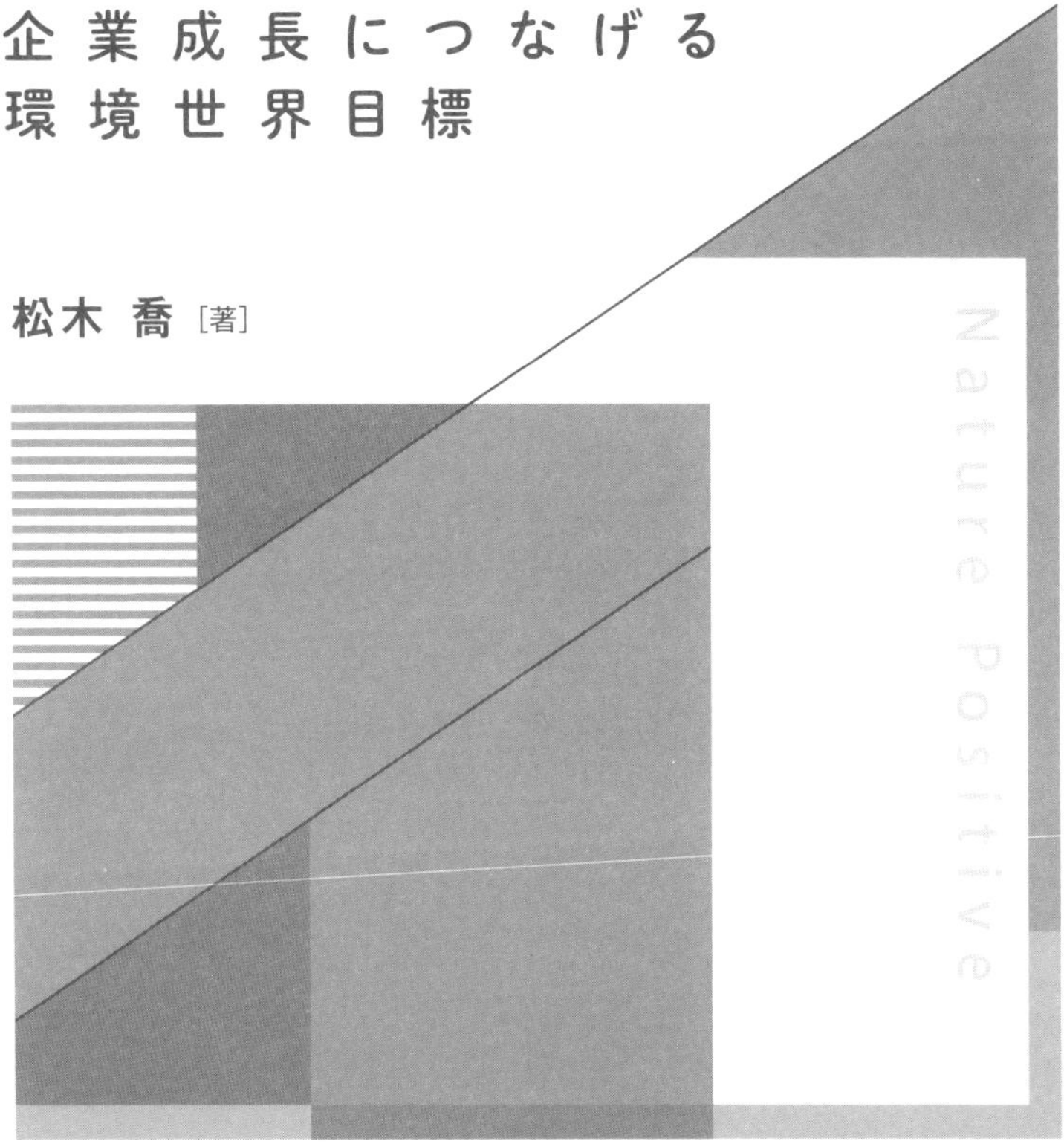

日刊工業新聞社

はじめに

　サケが不漁というニュースを見るようになった。サケ漁が盛んな郷里の新潟県村上市も、漁獲量が落ち込んでいるという。サケは生まれた川に帰ってくる回帰性がある。戻ってくるサケが減ると産卵が減少し、将来の水揚げ量も減る。不漁が続くとサケ漁が先細っていくかと思うと心配だ。

　江戸時代にも村上市（村上藩）は不漁に直面した。当時、回帰性は知られておらず、サケを捕れるだけ捕っていたのだと思う。対策として下級武士が遡上《そじょう》したサケの産卵場を作り、ふ化した稚魚を川に戻すことを考案した。捕りすぎを防ぎ、将来の資源を守ったことでサケ漁が復活した。

　だが、現代は先人の知恵が及ばないほど各地で不漁となっている。イカやサンマも漁獲量が減っている。海外での乱獲や海水温の上昇が原因と言われている。

　異変は海だけに限らない。森の荒廃による土砂災害、侵略的外来種による被害、シカやイノシシ、クマによる獣害も発生している。

　それでは、私たちに何ができるか。地球温暖化なら節電、資源問題なら石油製品の無駄遣いをやめるなど、身近に取り組めることがある。生物多様性の損失を止めるために何ができるのか。環境分野を長く取材しながら、はっきりとした答えが思い浮かばない。

しかし、生物多様性の取材は楽しい。他の取材で何度も行ったことのある工場に、実は広大な緑地があると知った時は新鮮だし、希少種が生息していると聞くと驚く。なによりも、担当者が生き生きと説明してくれるので、聞いていて楽しくなる。

生物多様性の損失を止めるキーワードとして「Nature positive（ネイチャーポジティブ）」が登場した。この言葉も好感を持てる。まず自然（ネイチャー）を嫌いな人はいない。みんな自然を大切にしようと思う。また「自然の神秘」というフレーズがあるように、人類が解明できていない生物の生態は、好奇心をかき立てられる。

ポジティブもプラスの響きだ。省エネや省資源、脱炭素はどれも削減が求められ、我慢も必要となる。対してネイチャーポジティブは「自然にいい影響を与えよう」「自然を増やそう」ということなので、積極的に取り組めそうな印象を与えてくれる。

もちろん生物多様性の危機は、楽観視できる問題ではない。生物資源の減少は深刻であり、放置すると経済活動に大きな打撃を与える。経済界に緊急性を理解してもらい、行動を促そうと「自然資本」や「自然関連財務情報開示タスクフォース（ＴＮＦＤ）」が登場した。さらに、国連の生物多様性条約第15回締約国会議（ＣＯＰ15）で新しい目標もできた。

これから企業は、ネイチャーポジティブに向けた行動を社会から要請されるはずだ。資源を守って漁獲した海産物なのか、天然林を強引に切り倒した農園で栽培した農作物を調達していないか、工場で水を使いすぎて淡水魚のすみかを奪っていないか……。さまざまな視点から事業と自然との関連をチェックしなければいけない。そして回復への対策を練る必要がある。

私は生物の専門家ではないのでネイチャーポジティブへの取り組みとして何が正解なのか、はっきりと分かってない。同じ想いの方も多いのではないだろうか。そうした方の参考になればと思い、この本を執筆した。ネイチャーポジティブを実践する企業が増え、生態系の異変で打撃を受ける人が減ってほしいと願っている。

2023年3月　松木 喬

自然再生をビジネスに活かす
ネイチャーポジティブ
企業成長につなげる環境世界目標

目次

第2章 専門家が語るネイチャーポジティブ

第3章 実践企業に学ぶネイチャーポジティブ

第1章

ビジネスは生物多様性に依存している

1-1 企業経営に生物多様性は不可欠なもの

「生物多様性とは?」と聞かれて、すぐに答えられものだろうか。何となく「動物や植物の種類が多い」というイメージが浮かぶのではないか。たぶん間違いではないが、いくつか解説を加える必要があると思う。

環境省が運営するウェブサイト「みんなで学ぶ、みんなで守る生物多様性」は、生物多様性を「生きものたちの豊かな個性とつながりのこと」と説明している。「豊かな個性」とは、「種類の多さ」のことであるが、さらに〝つながり〟も生物多様性を説明する重要な要素だ。

森では木の葉が枯れて地面に落ちると、小さな生物のエサとなる。その生物がフンをすると、そのフンが微生物のエサとなって分解されて土壌となり、木の栄養となる。木は実もつける。その実を鳥が食べてフンをすると、実の内部にあったタネが土壌に落ちて発芽し、木へと成長する。このように種類が違っても生物はつながりがあり、お互いが依存している。この相互依存が、生態系(Ecosystem、エコシステム)だ。

地球上には3000万種の多様な生物が生息していると推定される。動植物から菌類のような微生物まで、すべての生物がつながり、支え合い、共生している。その半面、ある種が減ると、つながっていた別の種が減り、その種とつながっていた別の種も減少するといった〝減少の連鎖〟が起きる。生態系の破壊だ。この状況を生物多様性の損失や喪失、または劣化や質の低下と表現している。

それでは、なぜ生物多様性がビジネスにとって重要なのか。企業の環境推進担当者なら理解できていると思う。しかし、他の多くの企業人にとっては難しいのではないだろうか。「自然保護」について重要性を語れても、「生物多様性」の大切さについての説明は難しいと思う。

企業活動も依存、原材料調達や災害で影響も

実は、多くの企業が生物多様性に依存している。食品メーカーだと分かりやすい。海の生物が減ると、原材料の海産物の調達が難しくなる。入手先を変えるという方法があるが、世界的に減っているとしたら争奪戦で調達コストが高騰し、経営を圧迫する。さらに漁獲量が制限されると、思うように商品を作れなくなる。このように生物多様性の損失はビジネスにダメージを与える。

それでは、なぜ海の生物が減るのか。無秩序に捕りすぎる乱獲のせいで、ある種が絶滅危惧種となり、生物の〝つながり〟が失われたことが原因かもしれない。海の生態系の崩壊だ。

もしくは気候変動による地球温暖化によって海水温※が上昇し、生物の生存に厳しい環境になったとも考えられる。

または、森林がなくなって海にフルボ酸鉄が供給されなくなったせいかもしれない。フルボ酸鉄は海藻やプランクトンの栄養素。落ち葉や枯れた木が微生物に分解されてできたフルボ酸と土壌の鉄分が結合して作られ、河川から海へ供給される。陸上での大規模開発で森の木々が伐採され、フルボ酸鉄の供給量が減少してしまうと海の生物も減る。海は森とつながっており、「森は海の恋人」※と言われる。

木材製品を販売する企業も生物多様性との関係が分かりやすく、森林がなくなると商品を作れなくなる。世界中で森林が減少すると地球温暖化が助長され、森林火災※や木の病気が発生しやすくなり、森林減少に拍車がかかって事業継続が厳しくなる。

海産物や農産物、木材といった天然資源を加工していない企業も、生物多様性損失の打撃を受ける。スーパーマーケットは生鮮食品の品ぞろえに影響が出る。値段を高くするとお客さんの足が遠のいて、売り上げが下がる。

メーカーも他人ごとではない。雨水をためてくれる森林がなくなると水源が枯れてしまうので、工場では水使用量が制限されて生産活動に支障が出る。豪雨が発生すると、樹木が伐採された山では土砂災害が起きる。雨水も一気に河川に集まるので洪水の頻度も高まり、工場は浸水被害に襲われて長期間の休業を余儀なくされる。

挙げると切りがないが、多くの企業が生物多様性と関連している。

海水温が上昇：気象庁によると、日本近海における2022年までのおよそ100年間にわたる海域平均海面水温（年平均）の上昇率は＋1・24℃。世界の平均した上昇率よりも大きい。

森は海の恋人：1989年、宮城県気仙沼湾の漁師によって始まった森づくりの合言葉。当時、赤潮プランクトンを食べたカキが赤くなる現象が起きた。調べると河川の水質悪化や森林の荒廃が原因だった（東北農政局HP参考）。

森林火災：降水量が極端に減少し、空気が乾燥すると、枯れ葉が火種になることもある。地球温暖化による気温の上昇・熱波、乾燥、干ばつが原因とされる。

「こじつけ」と思われるかもしれないが、いま世界の潮流は、どんな事業活動でもどこかで生物多様性と接点があると考え、あらゆる企業に生物多様性の保全を求めている。2022年末に採択された「昆明・モントリオール生物多様性枠組み」（次項で詳述）でも、あらゆる企業に生物多様性向上を要請している。

また、生物や水が経営を支える資本と捉えた「自然資本」※という概念もある。自然をお金のように考えれば、使いすぎはよくないことだと思えてくるはずだ。事業活動に資金が必要であるように、自然資本も増やすことで企業活動が継続できる。

自然資本：森林や土壌、水、大気、生物資源など自然によって形成される資本。

生物からのめぐみ

生物多様性は「生きものたちの豊かな個性とつながりのこと」「種類の多さと相互依存」と説明した。さらに専門的な解説を加えたい。

生物多様性条約（次項で詳述）では「生態系の多様性」「種の多様性」「遺伝子の多様性」の3つの多様性があるとしている。

○「生態系の多様性」とは山や森、海、河川、湿原、サンゴ礁など、それぞれの環境に適応した生態系。山なら山の環境に適した多様な生物のつながり

○「種の多様性」はいろいろな生物の種類

○「遺伝子の多様性」とは、同じ種でも異なる遺伝子の存在。遺伝子が多様であれば、病気に強い遺伝子もあり、たとえ感染症が流行しても絶滅を防げる

また、人や企業は「生態系サービスを受けている」「生物多様性のめぐみ（恩恵）を受けている」という言われ方もする。

生態系サービスは4つに分類される（図1・1）。

○供給サービス　食料や木材、医薬品などが該当する
○調整サービス　大気や水をきれいにし、気候を調整し、自然災害を防ぐ機能
○文化的サービス　野外レクリエーション、地域の特色のある文化、伝統行事など
○基盤サービス　植物の光合成や水の循環などを指し、あらゆる生物の生命を支える。供給、調整、文化的の3つのサービスを支える

この項の最後に、ビジネスと生物多様性について触れておこう。

国際機関「世界経済フォーラム」の「グローバルリスク報告書2022年版」によると、政財界のリーダーが選ぶ今後5－10年の重大なグローバルリスクの3位に「生物多様性の喪失」、4位に「天然資源危機」が入っており、危機感の強さがうかがえる。ちなみに1位が「気候変動への適応の失敗」、2位が「異常気象」、5位が「人為的な環境

生態系サービス

基盤サービス
栄養塩の循環
土壌形成
一次生産
その他

供給サービス
食料
淡水
木材および繊維
燃料
その他

調整サービス
気候調整
洪水制御
疾病制御
水の浄化
その他

文化的サービス
審美的
精神的
教育的
レクリエーション的
その他

地球上の生命—生物多様性

（出典：環境白書）

図1・1　生態系サービス

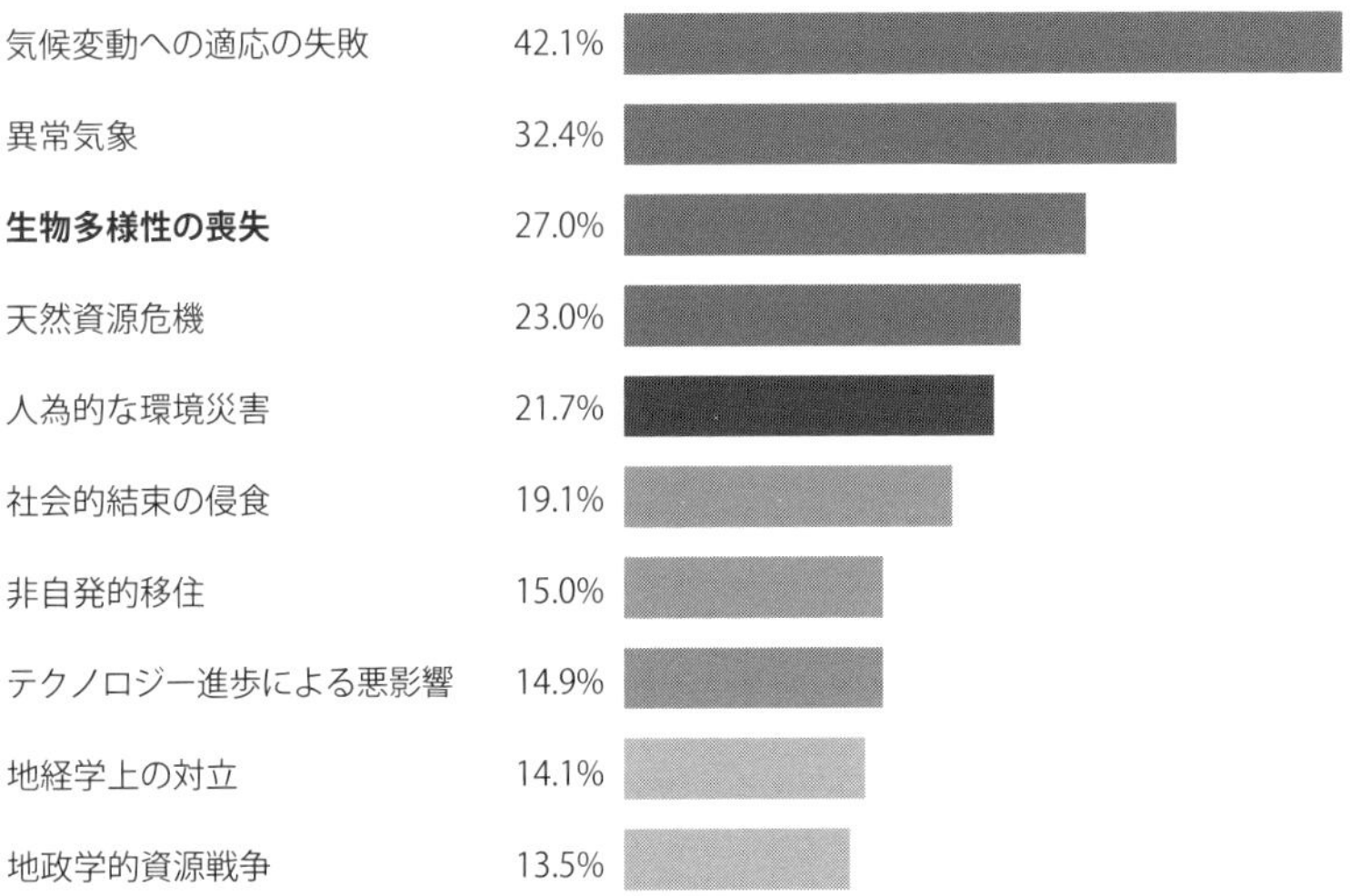

（出典：世界経済フォーラム「グローバルリスク報告書 2022 年版」P25）

図1・2　政財界のリーダーが選ぶ今後5-10年の重大なグローバルリスク

災害」となっており、上位5つを環境関連が独占した（図1・2）。

　また、世界経済フォーラムの別の報告書によれば、自然の喪失によって世界のGDP[※]（国内総生産）の半分に当たる44兆ドル（約5920兆円）の経済価値が失われるリスクがあるという。

　生物多様性の損失を「経営上のリスク」と捉える感度が上がっているのが印象的だ。

世界のGDP：15％が自然に大きく依存、37％が相当程度依存しているとされる。自然に過度に依存する建設、農業、食品・飲料品で8兆ドルの価値に相当する（国際農林水産業研究センターHP）。

1-2 昆明・モントリオール生物多様性枠組みは企業活動の参考となる活動指針

2022年12月、世界目標「昆明・モントリオール生物多様性枠組み」が決まった。2030年までのネイチャーポジティブ達成に向けた具体策がまとめられており、生物多様性保全に取り組む企業にも参考となる。

「昆明・モントリオール生物多様性枠組み（以下、新目標）」は2022年12月7－19日、カナダのモントリオールで開催された生物多様性条約第15回締約国会議（COP15）で決まった。COP15はもともと2020年に中国の雲南省昆明市で開くはずだった。だが、感染症の流行があって延期が繰り返され、2部構成に変更。1部を2021年10月に昆明（オンラインと対面の併用）で、2部をモントリオールで開催した。

生物多様性条約は1992年に採択された。目的は①生物多様性の保全、②生物多様性の構成要素の持続可能な利用、③遺伝資源の利用から生ずる利益の公正かつ衡平な配分。

生物多様性条約は同年に開催された国連環境開発会議（地球サミット[※]）で署名が始まり、日本も署名（締結）した。また、同年に採択された「気候変動枠組み条約[※]」ととも

地球サミット：オゾン層の破壊、地球温暖化、生物の多様性の喪失など、地球環境問題への対策の必要性から開催に至る。182カ国、欧州共同体、国際機関など参加。

気候変動枠組み条約：地球の気温が上昇する温暖化を防ぐための条約。1994年3月に発効、締約国は198カ国・機関。温暖化の原因となる温室効果ガス排出量実質ゼロを目指す「パリ協定」も条約の下で運用する。

に〝双子の条約〟と呼ばれ、その後の環境政策に大きな影響を与えている。2022年12月現在の締約国数は194カ国（欧州連合とパレスチナを含めると196カ国・地域、アメリカは未締結）、条約事務局をモントリオールに置く。

COPは「締約国会議」の略称で、署名した国の政府関係者が集まって具体策を話し合う。初回を1994年に開催。以降、2年おきに開いており2010年には名古屋市で第10回締約国会議（COP10）を開いた。気候変動枠組み条約のCOPは2022年までに27回（COP27）開かれている。

配慮からプラスへ、活動・意識の転換

新目標は、COP10で採択した前世界目標「愛知目標」の後継となる（図1・3）。愛知目標は2011－2020年を期間とし、2020年までに生物多様性の損失を止めることを目指し、20の個別目標があった。しかし、20のうち達成した目標はゼロ。細かく60の要素に分解しても達成は7つの要素だけであり、愛知目標は全体の1割しか達成できなかった（日本自然保護協会HP、話題の環境トピックスから。詳しくは「地球規模生物多様性概況第5版（GBO5）」）。

新目標は2050年のビジョンと2030年ミッションの2本建て。2050年ビジョンは愛知目標を継承し、「自然と共生する世界の実現」を目指す。2030年ミッ

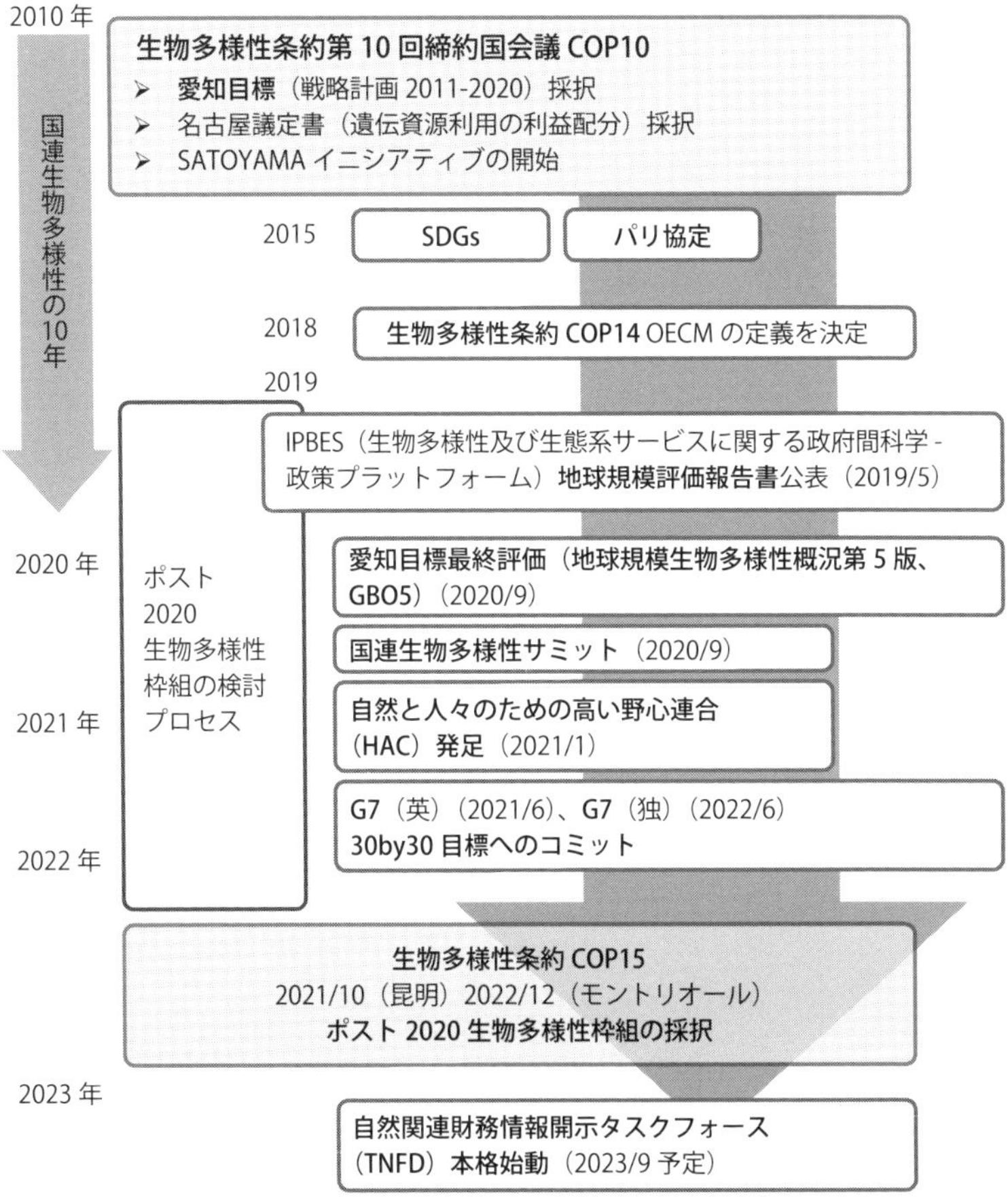

（出典：環境省）

図1・3　生物多様性に関する国際的な動向

ションは「人々と地球のために自然を回復の道筋に乗せるために、生物多様性の損失を喰い止めるとともに反転させるための緊急の行動をとる」（環境省仮約より）。愛知目標は「損失を止める」だったが、新目標は「反転させる」と表現が強まった。

生物多様性を減少傾向からの反転、つまり回復軌道に乗せる目標だ。この目標が「ネイチャーポジティブ」だ。

新目標の交渉に詳しい国際自然保護連合（ＩＵＣＮ）※日本委員会の道家哲平事務局長は「自然に配慮してマイナスをゼロに近付けようとするのではなく、プラスが求められている」と説明する。これまでは自然を傷付けないように気を付けることが最良だった。企業活動においても生物多様性の損失を〝ゼロ〟に保てれば問題はなかった。これからはプラス、つまり生物多様性を向上させる行動が求められる。「減らしてはいけない」という〝ネガティブ（消極的）〟な思考を、増やそうとする〝ポジティブ（積極的）〟に変換する必要がある。

ＣＯＰ15第2部の開会前、新目標の文章にネイチャーポジティブという用語が入るのか、注目されていた。結果的にそのままでは入らなかったが、２０３０年ミッションの通り、回復を目指すことで国際社会が合意した。そして損失から回復に転じさせる23項目のターゲット（個別目標）が設定された。２０２０年に新目標の原案が公表された段階では20だったが、事前交渉から増え、ＣＯＰ15第2部の直前には22となり、最終的にターゲットは23に落ち着いた。

※ＩＵＣＮ：哺乳類、両生類、鳥類、造礁サンゴ、針葉樹など多くの種群を評価するレッドリストを作成。15万３００種以上が掲載され、そのうち4万２１００種以上が絶滅危惧されている。

23のターゲット、定量目標が多く行動迫る

未達だった愛知目標の反省が活かされ、23のターゲットには具体的な行動が示されている。さらに「30％」や「半減」といった定量目標が目立つのもポイントだ。

「昆明・モントリオール生物多様性枠組み」の目標を紹介しよう（外務省ＨＰ）。

○２０５０年ビジョン「自然と共生する世界」（愛知目標と共通内容）

○２０３０年ミッション「生物多様性を保全し、持続可能に利用し、遺伝資源の利用から生ずる利益の公正かつ衡平な配分を確保しつつ、必要な実施手段を提供することにより、生物多様性の損失を止め反転させ回復軌道に乗せるための緊急な行動をとる」

次に環境省が２０２２年12月22日に報道発表した暫定訳を参考に、できるだけ簡潔にして23のターゲットを書き出してみた。ターゲットは一文が長い。解説の都合上、ポイントを抽出したつもりだが、読む人の立場や関心によってもポイントが違うと思うので、暫定訳や原文（英語）に当たってほしい。また、ターゲットだけでなく全文に目を通すことを勧める。生物多様性と人類活動との関係、動植物が置かれた現状が記されており、ターゲットができた背景を理解できるからだ。

○ターゲット1

２０３０年までに生物多様性の重要性の高い地域の損失をゼロに近付けるために、すべての地域が土地と海の利用計画、または効果的な管理を確保する

○ターゲット2

２０３０年までに劣化した生態系の少なくとも30％で効果的な再生が行われる

○ターゲット3

２０３０年までに陸域、陸水域、海域の少なくとも30％を保全する

○ターゲット4

絶滅危惧種の人による絶滅を阻止し、絶滅リスクを大幅に減らすため緊急の行動を確保する

○ターゲット5

野生種の違法や過剰な利用を防止する

○ターゲット6

侵略的外来種の導入と定着を２０３０年までに少なくとも50％削減する

○ターゲット7

栄養素の流出を少なくとも半減、農薬と有害化学物質によるリスクを少なくとも半減、プラスチック汚染を削減し、廃絶に向けて努力する

○ターゲット8

自然に根ざした解決策で気候変動の緩和と適応を推進する

○ターゲット9

生物多様性を向上させる持続可能な管理によって、弱い立場の人々に社会的、経済的、環境的な恩恵をもたらす

○ターゲット10

農業、養殖、漁業、林業の持続可能な利用を通じて、生産性と生物多様性を向上させる

○ターゲット11

大気や水、気候の調節、土壌の健全性、花粉媒介、災害リスクの低減、自然災害からの保護などの自然がもたらす恩恵を回復させる

○ターゲット12

都市の緑地や親水地域を増やし、住民の健康を高める

○ターゲット13

遺伝資源の公平な分配

○ターゲット14

生物多様性が政策や規則、開発プロセス、貧困根絶戦略、環境アセスメント、国家勘定に統合される

○ターゲット15

ビジネスによる生物多様性への影響を低減する
(a)大企業や金融機関に生物多様性への依存や影響を定期的に評価し、透明性を持った開示を求める
(b)持続可能な消費を推進するために消費者に必要な情報を提供する
○ターゲット16
情報開示によって食料廃棄を半減、過剰消費や廃棄物の発生を大幅に削減する
○ターゲット17
バイオテクノロジーの取り扱いや利益配分の措置を確立し、能力を強化する
○ターゲット18
生物多様性に有害な補助金を5000億ドルなくす
○ターゲット19
少なくとも官民合計2000億ドル以上の資金を動員する
○ターゲット20
能力の構築と開発、技術へのアクセスと技術移転を強化、イノベーションの創出と科学技術協力を促進する
○ターゲット21
最良なデータや知識を意思決定者や実務者、一般の人々が利用できるようにする
○ターゲット22

先住民や女性、障がい者の意思決定や司法への参加を確保する

○ターゲット23

すべての女性が生物多様性条約の目的に貢献する公平な機会と能力を持てるように

ジェンダー平等を確保する

書き出したターゲットを見て分かると思うが、企業活動に関連するターゲットがいくつかある（図1・4）。ここから、日本の企業や政府が注目していたターゲットを紹介したい。

ターゲット3と30 by 30

国土の30％を生物多様性の保全地域にするため「30ｂｙ30（サーティ・バイ・サーティ）」と呼ばれている。愛知目標では「陸域17％、海域10％」が目標だった。

また、新目標の原案段階で30％は「海域」と「陸域」が対象だったが、そこに河川や湖沼など「陸水域」（淡水）も加わった。原案は淡水を陸域に含めていたと思われるが、河川や湖沼の生物ほど急速に減少しており、ＣＯＰ15で決まった新目標では最終的に陸水域が独立した。

日本は企業の緑地も入れて30％の達成を目指しており、環境省は２０２３年度、認定

（1）生物多様性への脅威の縮小

1：空間計画
2：自然再生
3：30by30
4：種・遺伝子の保全
5：生物採取
6：外来種対策
7：汚染
8：気候変動

（2）人々の需要が満たされる

9：野生種の利用
10：農林漁業
11：自然の調整機能
12：緑地親水空間

13：遺伝資源へのアクセスと利益配分（ABS）

（3）実施・主流化のツールと解決策

14：生物多様性の主流化
15：ビジネス
16：持続可能な消費
17：バイオセーフティー
18：有害補助金
19：資金
20：能力構築、技術移転
21：知識へのアクセス
22：先住民、女性および若者
23：ジェンダー

（出典：環境省）

図1・4　昆明・モントリオール2030年ターゲット（緊急に取るべき行動）

制度「自然共生サイト」（次項で詳述）を始めた。企業は認定を受けることで30by30の達成に貢献できる。

ターゲット6と外来種の被害

外来種※は「もともとその地域にいなかったのに、人間の活動によって他の地域から入ってきた生物」（環境省HP「日本の外来種対策」）。そして侵略的外来種とは「地域の自然環境に大きな影響

外来種：被害を予防する三原則は①入れない②捨てない③拡げない。

を与え、生物多様性を脅かすおそれのあるもの」(同)。

侵略的外来種の導入や定着を許すと、もともとその地域にいる在来種[※]を食べたり、生息地を奪ったりして生物多様性を脅かす。最悪の場合、在来種を絶滅させてしまう。また、侵略的外来種が農作物に被害を与えると地域にとっては経済的な損失になる。

侵略的外来種が毒を持っていると、人の健康にも被害を与える。現在、日本政府が警戒するのがヒアリ(赤褐色のアリ)だ。ヒアリは強い毒を持ち、人が刺されるとアレルギー反応によって死亡する危険がある。本来は南米中部に生息していたものが、船や飛行機に積まれたコンテナや貨物と一緒に世界各地に広がっている侵略的外来種だ。

アメリカはヒアリの被害と対策費の合計が年6000億−7000億円以上に上る。侵入によって家屋を使用できなくなったり、配電盤や変圧器の内部に巣を作って故障させたりする被害額も含まれており、駆除や予防の費用、医療費も含めると膨大な損失だ。

日本でもヒアリの定着を許すと被害額が増える。沖縄県環境科学センターと沖縄科学技術大学院大学は2020年、ヒアリによる沖縄県内の経済被害額を算出し、年間で438億円の損失になると推計した。この額には観光産業への影響も含まれる。貨物にヒアリが混入している可能性があり、企業には細心の注意が求められる(コラム「逃がすと違法に!? アメリカザリガニとアカミミガメ」も参考に)。

在来種：日本では生物の種は約9万種、まだ知られていない生物も含めると30万種以上と推定。陸生哺乳類、維管束植物の約4割、爬虫類の約6割、両生類の約8割が日本のみに生息する生物(日本固有種)。

ターゲット7は企業に求められる改善策

ターゲット7から、農薬の使用が制限される方向性が読み取れると思う。もし規制が強まると、農薬メーカーは事業に影響が出る。

すでに欧州連合（EU）は、食品への残留農薬の基準値が厳しい。日本の農林水産省も「みどりの食料システム戦略」※を策定し、2050年までに化学農薬の使用量（環境や生物へのリスク換算）を50％削減する目標を設定した。化学肥料も使用量を30％減らし、有機農業※の拡大を進める。

プラスチック汚染の廃絶も、化学メーカーやプラスチック製品を扱う企業に影響する。

プラスチックは生物多様性と関係ないように思われるかもしれないが、生態系を破壊する脅威となっている。陸上で捨てられたプラスチックごみが河川や海に流出して環境汚染を引き起こしているためだ。

海に出てしまうと、回収は難しくなる。何十年も分解されずに漂流するうちに砕かれ、細かくなった破片を魚介類が食べると体内に蓄積される。有害物質を含む破片もあり、魚介類を食べた人の健康被害も心配されている。5㎜以下の微細なものは「マイクロプラスチック」と呼ばれる（コラム「膨らみ続けるプラスチック廃棄物量」も参考に）。

みどりの食料システム戦略：農水省が2021年に策定。わが国の食料・農林水産業の生産力向上と持続性の両立をイノベーションで実現する戦略。

有機農業：化学的に合成された肥料、農薬を使用しない、遺伝子組換え技術を利用しないことが基本。環境への負荷をできる限り低減した農業生産。

（出典：IUCNから作成）

図1・5　NbSによって取り組まれる主要な社会課題

ターゲット8は生物多様性由来のメリットを生み出す

自然に根ざした解決策は、Nature based Solution（NbS）と呼ばれ、COP15以前から注目されていたキーワードだった。

NbSとは、生物多様性に貢献しながら他の社会課題も解決する自然の保護・再生活動を指す（**図1・5**）。生物多様性の保全に取り組みながら他のメリットも生み出す考え方だ。

森を増やすと生物に恩恵があるだけでなく、二酸化炭素（CO_2）を吸収して地球温暖化を抑制する。根や土が雨水をためるため水源を守り、豪雨が起きても土壌の流出を抑えて災害を防ぐ。また、森にハイキングができる道を整備すると、訪れる人が増えて観光資源としての経済効果も出てきて、人の健康増進にも役立つ。このようにいくつものメリットを念頭に置いた計画があると、生物多様性向上に取り組む意欲もわく。

特に国際的な議論では、気候変動の緩和と適応※も同時に推進する生物多様性保全の取り組みが注目されている。

また、国際自然保護連合（IUCN）がNbSの定義を策定し、取り組むべき社会課題、基準と評価指標を公開している。

二転三転したターゲット15

COP15開催前、企業関係者はターゲット15に注目していた。一部の国が、大企業に対して生物多様性への依存や影響の開示を義務化するよう求めていたためだ。また新目標の原案には「すべてのビジネスが生物多様性への負の影響を半減させて正の影響を増加させる」と、企業に対して悪影響の「半減」も迫っていた。2030年までに実現するとなると厳しい目標だが、結果的に義務化も「半減」もなくなった。

ただ、開示義務はなくなったが、国際組織「自然関連財務情報開示タスクフォース（TNFD）」（次項と第2章で詳述）が開示方法を検討しており、2023年9月に開示枠組みを公表する予定だ。TNFDをサポートするフォーラムには多くの日本企業も参加しており、開示に向けた準備が進んでいる。

気候変動の緩和と適応：緩和は、気候変動の原因となる温室効果ガスの排出量の削減。適応は、将来の気候変動の影響による被害を回避・軽減させる対策。自然災害の被害を抑える防災も適応に入る。

企業への影響が特に大きいターゲット18とターゲット19

ターゲット18と19はどちらも資金に関連したターゲットであり、ほぼ原案通りに決まった。

企業にとっては有害な補助金の中身が気になるところだ。気候変動では化石燃料への補助金が有害となっている。燃焼によってCO_2を大気中に放出する化石燃料に補助金を出すと、温暖化の助長につながるためだ。特にCO_2を多く発生する石炭火力発電事業への投融資に対して厳しい視線が注がれ、政府や金融機関の多くが資金を出すのをやめた。

生物多様性は対象が明確ではない。例えば、大型漁船を建造する資金が有害となるかもしれない。魚介類の乱獲を助長するためだ。行政からの建造への助成金だけでなく、銀行からの融資や損害保険会社の保険サービスも有害な補助金となるかもしれない。船主、造船会社も含めて影響が広がる。

ターゲット19は、資金を出す方の目標だ。政府の資金だけでは足りず、民間からの資金提供も合計して2000億ドル以上を目指す。これだけの資金がつぎ込まれるのだから、生物多様性保全に貢献するビジネスも促進される。関連する企業にはビジネスチャンスとなる。

1-3 「30ｂｙ30」達成へ、企業緑地も評価する「自然共生サイト」スタート

生物多様性をめぐる世界目標「昆明・モントリオール生物多様性枠組み」（新目標）が合意され、ターゲット3で「2030年までに陸域、陸水域、海域の少なくとも30％を保全する」という目標ができた。30％を生物多様性の保護地域にするため「30ｂｙ30（サーティ・バイ・サーティ）」と呼ばれる。

環境省幹部によると、同省を訪れた海外の人が30ｂｙ30の啓発ポスターを見て内容を理解できたという。日本語で解説されていても、専門家の間で30ｂｙ30は世界共通言語となっているようだ。

2020年までの世界目標「愛知目標」の保護地域の目標は「陸域17％、海域10％」だった。愛知目標の達成状況をまとめた報告書「地球規模生物多様性概況第5版（GBO5）」によれば、17％と10％は「達成する可能性が高い」という。

新目標は、自然を減少から回復に転じさせる「ネイチャーポジティブ」を目指している。陸域17％→30％、海域10％→30％へとそれぞれ保護地域を拡大することは自然を増やすことであり、ネイチャーポジティブとして分かりやすい。

日本政府は新目標を採択した生物多様性条約第15回締約国会議（ＣＯＰ15）で、30ｂｙ30の議論を重視していた。また、先進国の間でも早くから目標として共有されていた。２０２１年6月にイギリスで開催された先進7カ国首脳会議（Ｇ7サミット）で合意された「自然協約※」で、２０３０年までに生物多様性の損失を食い止め、反転させる目標を共有し、達成手段として30ｂｙ30の実施を約束していた。

世界でも率先した動きを見せる日本政府

すでに日本は30ｂｙ30達成に向けて動き出している。

日本には自然公園や鳥獣保護区、保護林など法規制による保護地域※が陸域に20・5％ある。残りの約10％分を民間などの緑地を活用して30％を達成する計画だ。行政の保護地域以外の緑地を目標達成に組み入れる制度が「自然共生サイト」となる。

環境省が制度づくりを進めており、民間などからの申請を受けて審査し、基準を満たすと自然共生サイトとして認定する※。認定した緑地は保護地域に加算する。同省は２０２３年度から正式に制度化し、まずは１００カ所を認定する。

行政の保護地域以外を専門用語で「ＯＥＣＭ＝Other Effective area based Conservation Measures」と呼ぶ。そのまま日本語にすると「その他の効果的な地域を基盤とする手段」となり、専門家の多くは「保護地域以外で生物多様性保全に資する地

自然協定：２０２０年の国連生物多様性サミットで70の国と地域を代表するリーダーが承認した「リーダーによる自然への誓約」がベース。

保護地域：日本には34の国立公園がある。環境大臣が指定し、国が直接管理する自然公園。

自然共生サイトとして認定：保護地区との重複をのぞき、国際データベースに登録する。

域」と訳す。日本語訳でなじみにくいので、自然共生サイトと名付けた。

２０１８年開催のＣＯＰ14で、ＯＥＣＭの定義が採択され、国際的な基準ができている。自然共生サイトにも国際基準にのっとった認定基準がある。主には、境界や区画を確認でき、面積が算出されることなどが条件。公的機関に生物多様性の重要性が認められていることや水源保護、防災、伝統文化への活用なども基準となっている。

認定対象として企業の森や工場・研究所の緑地、建物の屋上、ゴルフ場、スキー場なども想定している。工場の敷地に緑地を整備したり、社有林を保有したりする企業も少なくない。自然共生サイトの認定によって企業は緑地管理が国から評価されるため、社外にもアピールしやすくなる。企業内でも整備や保全の意欲もわきやすくなる。

上場企業はＥＳＧ※を重視する投資家などにアピールできる。中小企業も地域に対して環境保全に取り組む企業姿勢を伝えられる。

環境省は２０２２年度、自然共生サイトの試行事業を展開し、申請や審査の手順を確認した。試行は前期と後期の2回に分かれて実施し、企業や自然保護団体など計56社・団体も協力し、すべてが自然共生サイト認定相当に選ばれた（**表1・1、1・2**）。

自然共生サイトを推進するため環境省は２０２２年4月、官民連携組織「生物多様性のための30ｂｙ30アライアンス」を発足させた。日本経済団体連合会（経団連）や国際自然保護連合（ＩＵＣＮ）日本委員会、企業グループの企業と生物多様性イニシアティブ、ＮＧＯなども発起人となり、自然共生サイトに登録する企業などを募る。

ＥＳＧ：Environment（環境）、Social（社会）、Governance（ガバナンス）の頭文字。環境や社会、企業統治を重視した経営や投資を指す。ＥＳＧに優れた企業は持続可能な成長が期待できる。

表1・1　自然共生サイト試行事業の認定相当一覧（前期、2022年9月）

No.	サイト名	所在地		協力者
		都道府県	市区町村	
1	史春林業生花の森	北海道	広尾郡広尾町	一般財団法人 史春森林財団
2	出光興産株式会社 北海道製油所	北海道	苫小牧市	出光興産株式会社
3	マテリアルの森 手稲山林	北海道	札幌市手稲区	三菱マテリアル株式会社
4	つくばこどもの森保育園	茨城県	つくば市	社会福祉法人花畑福祉会
5	サンデンフォレスト	群馬県	前橋市	サンデン株式会社
6	NEC我孫子事業場（四つ池）	千葉県	我孫子市	日本電気株式会社
7	清水建設「再生の杜」	東京都	江東区	清水建設株式会社
8	三井住友海上駿河台ビルおよび駿河台新館	東京都	千代田区	三井住友海上火災保険株式会社
9	あさひ・いのちの森	静岡県	富士市	旭化成株式会社、旭化成ホームズ株式会社
10	富士通沼津工場	静岡県	沼津市	富士通株式会社
11	日本製紙 鳳凰社有林	山梨県	韮崎市	日本製紙株式会社
12	ソニーグローバルマニュファクチャリング&オペレーションズ 株式会社幸田サイト	愛知県	額賀郡幸田町	ソニーグループ株式会社
13	パナソニック 草津工場「共存の森」	滋賀県	草津市	パナソニック株式会社
14	三井物産の森/京都 清滝山林	京都府	京都市	三井物産株式会社
15	阪南セブンの海の森	大阪府	阪南市	一般財団法人 セブン-イレブン記念財団
16	サントリー天然水の森 西脇門柳山	兵庫県	西脇市	サントリーホールディングス株式会社
17	御代島	愛媛県	新居浜市	住友化学株式会社
18	橋本山林（経済性と環境性を高い次元で両立させる自伐林業による多間伐施業の森）	徳島県	那賀町	特定非営利活動法人 持続可能な環境共生林業を実現する自伐型林業推進協会
19	王子の森/木屋ヶ内山林	高知県	高岡郡四万十町	王子ホールディングス株式会社
20	アサヒの森 甲野村山	広島県	庄原市・三次市	アサヒグループホールディングス株式会社
21	明治グループ自然保全区 くまもと こもれびの森	熊本県	菊池市	明治ホールディングス株式会社
22	Present Tree inくまもと山都	熊本県	上益城郡山都町	認定特定非営利活動法人 環境リレーションズ研究所、下田美鈴、山都町、緑川森林組合
23	水源涵養林用地 大船山山林56 林班	大分県	由布市	九州電力株式会社

（出典：環境省）

表1・2　自然共生サイト試行事業の認定相当一覧（後期、2023年1月）

No.	サイト名	所在地	協力者
1	北海道大学雨龍研究林	北海道	国立大学法人北海道大学
2	渡邊野鳥保護区フレシマ	北海道	公益財団法人日本野鳥の会
3	積水メディカル岩手工場	岩手県	積水化学工業株式会社
4	鹿島建設 日影山山林・ボナリ山林	福島県	鹿島建設株式会社
5	つくば生きもの緑地 in 国立環境研究所	茨城県	国立研究開発法人国立環境研究所
6	所さんの目がテン！かがくの里	茨城県	日本テレビ放送網株式会社
7	凸版印刷株式会社総合研究所	埼玉県	凸版印刷株式会社総合研究所
8	飯能・西武の森	埼玉県	西武鉄道株式会社
9	竹中工務店 技術研究所 調の森 SHI-RA-BE®	千葉県	株式会社竹中工務店
10	八王子市長池公園	東京都	NPOフュージョン長池
11	大日本印刷株式会社 市谷の杜	東京都	大日本印刷株式会社
12	長谷エテクニカルセンター	東京都	株式会社長谷工コーポレーション
13	大手町タワー	東京都	東京建物株式会社
14	下丸子の森	東京都	キヤノン株式会社
15	日立製作所国分寺サイト 協創の森	東京都	株式会社日立製作所
16	野比かがみ田緑地	神奈川県	横須賀市
17	ENEOS株式会社 根岸製油所 中央緑地	神奈川県	ENEOS株式会社
18	YKKセンターパーク ふるさとの森	富山県	YKK株式会社
19	柞の森（クヌギ植林地）	石川県	株式会社ノトハハソ
20	シャトー・メルシャン 椀子ヴィンヤード	長野県	キリンホールディングス株式会社
21	リコーえなの森	岐阜県	株式会社リコー
22	麻機遊水地	静岡県	静岡市
23	積水樹脂滋賀工場 生物多様性保全エリア	滋賀県	積水樹脂株式会社
24	奥びわ湖・山門水源の森	滋賀県	山門水源の森を次の世代に引き継ぐ会
25	武田薬品工業株式会社京都薬用植物園内の樹木園	京都府	武田薬品工業株式会社 京都薬用植物園
26	エスペックバンビの里	兵庫県	エスペック株式会社
27	神戸の里山林・棚田・ため池	兵庫県	神戸市
28	南部町の里地里山ビオトープ	鳥取県	一般社団法人里山生物多様性プロジェクト
29	結の森	高知県	コクヨ株式会社
30	「四国山地緑の回廊」の連携に係る協定の対象森林（仮）	高知県	三菱商事株式会社
31	北九州市響灘ビオトープ	福岡県	北九州市
32	トラヤマの杜 貝口 スス山	長崎県	ツシマモリビト協議会
33	アマミノクロウサギ・トラスト３号地	鹿児島県	公益社団法人日本ナショナル・トラスト協会

（出典：環境省）

発足当初、趣旨に賛同した旭化成やアサヒグループホールディングスなど84社が参加を表明。２０２３年４月22日時点で企業２１８、自治体37、ＮＰＯなど１１９、個人45名へと加盟が拡大した。

アライアンスに参加すると自然共生サイトの認証に関する最新情報を入手できるほか、自社の活動を発信できる。また、生物多様性のための30ｂｙ30アライアンスのロゴマークも使用できる（図１・６）。陸と海をモチーフにしながらも山や川、鳥、木々、うさぎ、うなぎ、かに、島、魚群など多様な絵柄が描かれている。

（出典：環境省）

図1・6　生物多様性のための30by30アライアンスのロゴマーク

日本は世界に先駆けてＯＥＣＭの基準を満たした認定制度として自然共生サイトを始める。他にも「30ｂｙ30」ロードマップ※も策定しており、国際的にも取り組みをリードできそうだ。

※**ロードマップ**：目標達成のための主要施策として、個別目標ごとの工程表を発表。２０２６年を中間評価としている。

1-4 求められる情報開示、自然と企業活動との関連は？

ＴＮＦＤはTaskforce on Nature-related Financial Disclosuresの略称で、「自然関連財務情報開示タスクフォース」と訳される。詳しくは第2章、原口真氏（ＴＮＦＤタスクフォースメンバー）の解説で確認してほしい。ここでは自然に関連した情報開示が求められている背景を簡単に説明したい。

新目標「昆明・モントリオール生物多様性枠組み」でも、ビジネスによる影響評価や情報公開を促進する合意があった。

○ターゲット15

ビジネスによる生物多様性への影響を低減する

(a)大企業や金融機関に生物多様性への依存や影響を定期的に評価し、透明性を持った開示を求める

(b)持続可能な消費を推進するために消費者に必要な情報を提供する

ＣＯＰ15の交渉では、開示の義務化を求める意見が出た。それだけ企業活動に厳しい視線が注がれていると受け取れる。

食品メーカーは農作物や海産物を、住宅や建材メーカーは木材を加工している。天然資源が枯渇すると事業を継続できなくなるため食品や住宅・建材メーカーにとって生物多様性の損失は経営リスクとなる。金融機関[※]にとってもメーカーに投融資した資金が戻らなくなると困るため、企業活動と自然との関係に注目している。

天然資源を加工しない企業も工場の操業で水を使ったり、森林だった場所に工場を建てたりしている。雨の少ない地域で水を使いすぎたり、汚れたまま排水したりして生物の生息環境を悪化させているかもしれない。希少種がいる森林を強引に伐採して工場を建設したのかもしれない。法令違反がなくても社会から批判され、信用が失墜するレピ[※]テーションリスクを金融機関も気にしている。

もしくは、間接的に悪影響を与えている可能性もある。取引先の海外企業が河川や海を汚染しながら操業しているようなケースだ。取り引きを続ける企業は、商品を購入するという行為で自然破壊に加担しているとみなされる。ＮＧＯなどは大企業に対してサ[※]プライチェーン全体の環境配慮に着目している。

このように企業活動と自然との関係が注目され、ＣＯＰ15で開示の議論がわき起こり、ターゲットにも盛り込まれた。開示の義務化は見送られたが、ＴＮＦＤで開示方法の議論が進んでいる。

金融機関：例えば、２０２３年2月に三井住友フィナンシャルグループ、ＭＳ＆ＡＤインシュアランスグループホールディングス、日本政策投資銀行、農林中央金庫が企業の事業活動のネイチャーポジティブ転換を促進・支援を目的としたアライアンスを発足。

レピテーションリスク：否定的な評判や評価、風評が広がり、信用やブランドが失われるリスク。

サプライチェーン全体の環境配慮：気候変動対策ではサプライチェーン上の温室効果ガス排出量を、スコープ１（直接排出）、スコープ２（間接排出）、スコープ３（それ以外の間接排出、事業者の活動に関連する他社の排出）と分類している。

情報開示をけん引するTNFD

TNFDは、2020年に国連環境計画金融イニシアティブや国連開発計画などが非公式に発足させ、2021年6月に正式発足した。売上高や利益、事業戦略を開示する財務情報のように、企業と自然との関係を社会に伝えるための項目を検討している。最終的に投資家が企業の将来性を見極めて投資を判断できる自然関連情報の提供を目指す。

TNFDは、開示項目を定めた枠組みのベータ版を2022年3月に公開し順次、更新している。2023年9月には正式版を公開する予定だ。

環境情報の開示と言えば、気候関連財務情報開示タスクフォース（TCFD[※]）が先例になる。主要国の金融当局が参加する金融安定理事会のTCFDは2017年、気候変動の影響と対策を開示する枠組みを提言。東京証券取引所は2022年4月、プライム市場への上場企業に提言と同等の開示を求めた。1800近い上場企業は開示の準備に追われた。

TNFDも同様に、上場企業が開示する方向性で進むのか、注目される。

TNFDは開示を手助けする指針「LEAP[※]」を提示している。発見、診断、評価、準備と手順を整理しており、企業は開示の参考にできる。

すでにキリンホールディングスがLEAPを試行し、「環境報告書2022」で結果

TCFD：気候変動が進行した将来を予測し、経営への影響や対策を検討し、公開する枠組み。

LEAP：自然との接点を発見（Locate）、依存関係と影響を診断（Evaluate）、リスクと機会を評価（Assess）、開示への対応を準備（Prepare）。

を公表した。お茶やブドウの栽培に必要な水資源が、同社の事業と関係が深く、紅茶飲料に使う茶葉の産地であるスリランカで渇水や豪雨が起きると「商品コンセプトが成立しなくなる」ほどの影響が出ると報告した。スリランカの農園に対して渇水でも水を保持し、豪雨では土が流れない栽培を指導している。

1-5 ネイチャーポジティブ達成の道標「生物多様性保全国家戦略」

政府は3月末、新たな「生物多様性保全国家戦略2023－2030」を閣議決定した。2030年までに自然を回復軌道に乗せるため生物多様性の損失を止めて反転させる「ネイチャーポジティブ」達成に向けた5つの基本戦略と40の個別目標を設定した。企業にも自然回復に貢献する経営を促して経済成長につなげる。

5つの基本戦略と、40の個別目標

国家戦略は1995年に初めてつくり、今回で6回目の策定となる。改定は11年ぶり。2022年末の国連の生物多様性条約第15回締約国会議（COP15）で採択した世界目標「昆明・モントリオール生物多様性枠組み」を踏まえた。各国は次回のCOP16までに国家戦略の策定が求められており、日本は世界に先行して取りまとめた。

新国家戦略は2050年ビジョンに「自然と共生する社会」と掲げ、2030年目標としてネイチャーポジティブ実現を定めた。どちらも昆明・モントリオール生物多様性

枠組みと同じだ。

2部構成となっており、第1部の「戦略編」で5つの基本戦略と40の個別目標を設定した。また個別目標はあるべき姿を示した「状態目標」（15個）、なすべき行動の「行動目標」（25個）に分かれる。

□基本戦略と目標

①基本戦略＝生態系の健全性の回復　状態目標（3個）、行動目標（6個）
②自然を活用した社会課題の解決　状態目標（3個）、行動目標（5個）
③ネイチャーポジティブ経済の実現　状態目標（3個）、行動目標（4個）
④生活・消費活動における生物多様性の価値の認識と行動　状態目標（3個）、行動目標（5個）
⑤生物多様性に係わる取組を支える基盤整備と国際連携の推進　状態目標（3個）、行動目標（5個）

第2部は「行動計画編」。25個の個別目標ごとに関係省庁の施策（367個）を整理した。さらに状態・行動の合計40個の目標の達成具合を評価する指標も設定した。

企業にESG投融資、影響低減、情報開示を迫る

個別目標には陸域と海域の30％を保護地域にする「30by30」（行動目標1－1）、侵略的外来種の定着率50％削減（行動目標1－3）など、昆明・モントリオール生物多様性枠組みで決まった23の目標に整合するものがある。

また、生物多様性の損失と気候変動を「2つの危機」と捉え、同時解決を目指す目標も盛り込まれた。例えば目標2―2は、「気候変動対策と生物多様性・生態系サービスのシナジー構築・トレードオフ緩和」となっており、生物多様性、気候変動のどちらにも効果的な対策を求めている。

企業活動に関連した目標も多い。状態目標3－1は「生物多様性保全に資するESG投融資を促進」、同3－2は「事業活動による生物多様性への負の影響低減と正の影響の拡大」を設定した。さらに行動目標3－1では「企業による生物多様性への依存度・影響の定量的評価、科学に基づく目標設定、情報開示」や「投融資の観点から生物多様性を保全・回復」と対応を迫った。

2012－2020年の前戦略の目標は13個だったので、大幅に目標が増加した。また政府は実効性を担保するため2年に1度のペースで達成度を点検する。

他にも2023年度中に「ネイチャーポジティブ経済移行戦略（仮称）」を策定し、自然再興への取り組みを国内の経済成長や雇用創出につなげる方針を打ち出す。また、

２０２３年4月から企業緑地などを「自然共生サイト」として年内に１００カ所以上の登録を目指す。２０２２年に企業などと発足した「生物多様性のための30ｂｙ30アライアンス」の参加者数も２０２３年3月10日時点の４００から２０２５年までに５００に引き上げ、新しい国家戦略にそった企業活動を促す。

新国家戦略は40個の個別目標によって、ネイチャーポジティブ達成に必要な取り組みを示した。ネイチャーポジティブ活動を検討する企業にも参考となりそうだ。また環境省は、活動の手引きとなる「生物多様性民間参画ガイドライン（第3版）」も作成し、無料公開している。

本章を読んで、生物多様性保全の印象が変わった読者もいるのではないだろうか。植林活動への参加や自然保護団体への寄付、海岸清掃など、社会貢献やボランティアといえる活動も大切だが、自社のビジネスと結び付きのある自然の保護、そして回復が社会から要請されてきたと思う。

世界目標「昆明・モントリール生物多様性枠組み」にも、企業に行動を促す目標が多く入った。気候変動対策やプラスチック汚染の廃絶、食品廃棄物の削減など幅広い分野での対策を求めている。そして情報開示まで要請した。自社のビジネスと生物多様性との関係を分析し、自然や生態系を破壊しているようなリスクの有無を調べる作業が求められる。

さらには自然を減らさない「保護」ではなく、回復させることを念頭においた事業活動への移行が必要だ。開示は負担に思えるが、社会から評価してもらえるチャンスとなる。ブランドやイメージ向上につなげることができるからだ。

環境省はネイチャーポジティブ型経済に移行すると、2030年に国内で年47兆円のビジネス機会を創出し、年125兆円の経済効果をもたらす可能性があると試算した。違う計算ではビジネス機会を最大104兆円と推定した。2023年度中にまとめる「ネイチャーポジティブ経済移行戦略（仮称）」に最終的な経済効果を盛り込み、生物多様性の回復を経済成長につなげる姿を示す予定だ。

経済効果は仮定の数値だが、世界目標となったことでネイチャーポジティブに貢献するビジネスに商機が生まれる。企業には前向きに（ポジティブに）に取り組んでほしい。

コラム

膨らみ続けるプラスチック廃棄物量

「昆明・モントリオール生物多様性枠組み」で、プラスチック汚染の廃絶に向けて努力する目標が掲げられた。生物にとってもプラスチック汚染が脅威となっている現れだ。

プラスチック問題の深刻さを調べた報告書も公表されている。経済協力開発機構（OECD）は2022年3月、プラスチックごみを分析した報告書「グローバル・プラスチック・アウトルック」を発表した。世界のプラスチック廃棄物は2019年に3億5300万トンと、2000年よりも2倍以上に増加した。リサイクル実績は9％にすぎず、残りは焼却か埋め立て処分されていた。

報告書によると2019年のプラ廃棄物のうち、半数以上は容器包装材や日用品が占めた。また、2019年だけで610万トンのプラ廃棄物が河川や湖、海に流出したと推定。これまでに河川には累計で1億9000万トン、海には3000万トンのプラが蓄積していると見積もった。

さらにOECDは2022年6月、大胆な対策が講じられないと世界全体のプラ廃棄物が2060年に現状の2・8倍の10億トンになるとの見通しも公表した

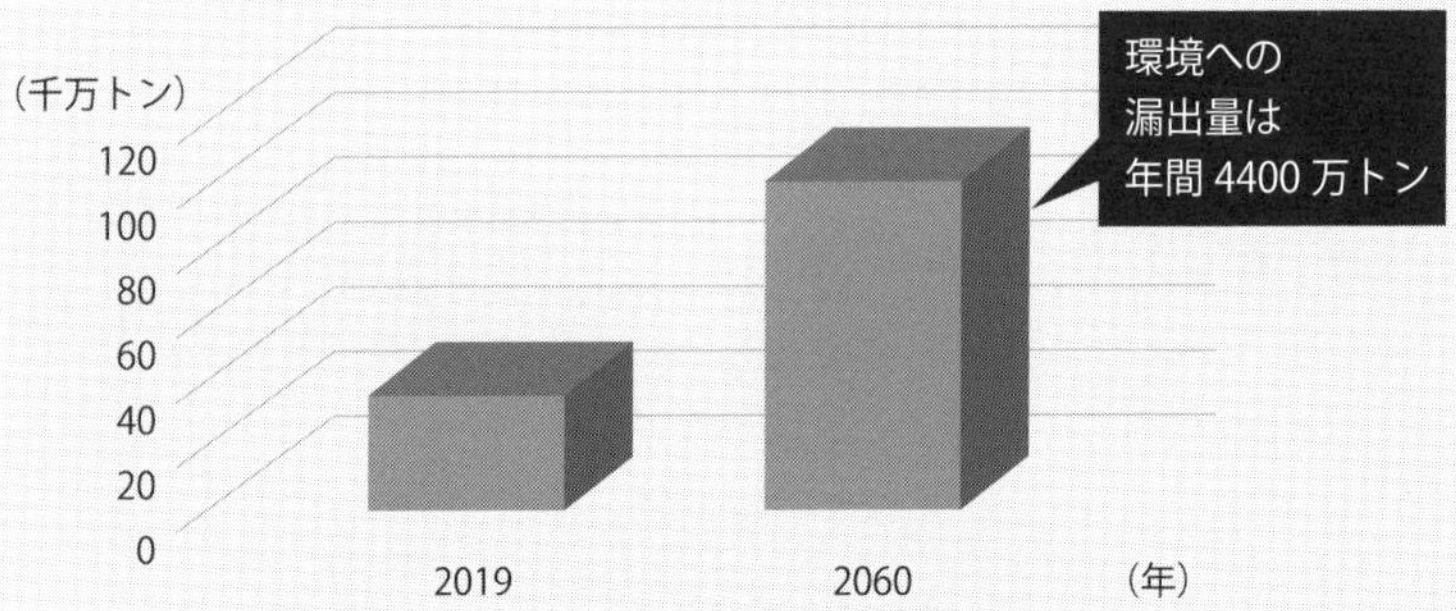

（出典：経済協力開発機構の資料を基に作成）

世界のプラスチック廃棄物量

（図）。不適切な廃棄によって現状の倍の年４４００万トンが環境中に流出し、河川や海への堆積量も３倍に増加するという。

細かくなったプラスチックの破片は魚や貝の体内に蓄積される。OECDの推定通りなら、プラごみ汚染が河川や海の生物に大きなダメージを与える。

世界全体での廃棄物の回収や再利用が急務となっている。２０２２年末には、プラ汚染を防ぐ条約制定に向けた国際交渉が始まった。２０２４年末までに条約文書をまとめる予定であり、規制強化への動きが強まっている。

第2章

専門家が語るネイチャーポジティブ

2-1 〈インタビュー〉馬奈木 俊介氏 九州大学主幹教授

気候変動対策なら二酸化炭素（CO_2）削減、サーキュラーエコノミー（循環経済）なら資源の有効活用が取り組みとして真っ先に浮かぶ。それでは、自然を回復させるネイチャーポジティブに向けては、何をしたらよいのだろうか。九州大学の馬奈木俊介主幹教授は、ビジネス創出のヒントが地域にあると指摘する。国連の報告書に参画し、自然資本の評価などを研究する馬奈木主幹教授に企業に求められるネイチャーポジティブについて聞いた。

自然資本50%減、世界のGDPの半分以上は自然に基づく

——ネイチャーポジティブの受け止め方は。

生物多様性条約は、気候変動枠組み条約と同じ1992年に採択されました。国際社会では生物多様性、気候変動とも同時期に対策が始まったものの、気候変動が注目を集

めてきました。

　科学の立場から影響を分析する機関としてＩＰＣＣ（気候変動に関する政府間パネル）、ＩＰＢＥＳ（生物多様性および生態系サービスに関する政府間科学―政策プラットフォーム）があります。ＩＰＣＣとＩＰＢＥＳは２０２１年６月、初めてとなる共同[※]報告書を発刊しました。私も総括代表執筆者の１人として加わりました。

　生物多様性の損失と気候変動は、どちらも人間の経済活動によって引き起こされ、相互に強く影響しています。共同報告書では気候変動対策が自然へ影響を及ぼし、その逆も起こることを明らかにしました。そして生物多様性と気候変動への対策は、「それぞれ」ではなく「共に行う」ことが、利益を最大化してグローバルな開発目標を達成すると提言しました。


―それではなぜ、生物多様性への取り組みが遅れたのでしょうか。


　きれいな植物なら「守ろう」となりますが、中には大切にされない植物がありますよね。病気の予防や治療に役立つ遺伝資源を持った植物は保護されますが、利用価値がないと思われた植物は守られず、場合によっては絶滅してしまいます。

　すべての生物を守ることが大切とは理解していますが、すべてを保護するのは難しいです。そこで自然の価値を評価する議論があります。

　経済発展はＧＤＰ（国内総生産）で評価できますが、自然の価値はＧＤＰでは表せま

共同報告書：２０２０年12月、ＩＰＣＣとＩＰＢＥＳが初めて共同でワークショップを開催。グローバルな開発目標達成に向けた、気候変動と生物多様性保全対策による共同報告書。

せん。また、ＧＤＰが拡大しても自然の価値が増えるとも限りません。そもそもＧＤＰでは、自然を含めた「豊かさ」を測ることに限界があります。

そこで国連は２０１２年、豊かさを評価する「新国富指標」[※]を新国富報告書として公表しました。この指標には自然の価値を貨幣価値に変換した「自然資本」も含みます。森林や農作地、海などの自然も金銭に置き換えると価値をつかみやすいです。

イギリス・財務省は２０２１年、新国富報告書を参照に、今後の経済成長と生物多様性の損失との関係を分析した英ケンブリッジ大学のダスグプタ教授による報告書「ダスグプタ・レビュー（The Economics of Biodiversity : The Dasgupta Review)」を発表しました。私も顧問側として参加し、１９９２－２０１４年に世界人口１人当たりの自然資本が50％減少したと新国富報告書の結果を支持しております。そして生産と消費、金融に自然資本を採り入れる変革が必要だと提案しました。

自然資本が50％減ったのだから、私たちは何とかしないといけないと思います。自然を貨幣価値に変換した効果です。

世界のＧＤＰの半分以上は自然に基づいています[※]。自然が減ると将来のＧＤＰも減るので、ビジネス界も困ります。そこで自然の価値を上げる必要性が共通認識となり、ネイチャーポジティブという言葉が出てきました。２０２１年の先進7カ国首脳会議（Ｇ7サミット）やＣＯＰ15（生物多様性条約第15回締約国会議）でも合意されました。

新国富指標：人工資本、人的資本、自然資本から構成し、それぞれの資本が生み出す豊かさを貨幣価値ベースで推計する指標。

ＧＤＰの半分以上は自然に基づく：国連「新国富報告書２０２２」などを基に日本でネイチャーポジティブへの移行政策が導入され、自然資本の損失が回復すると２０３０年時点で約２１０兆円相当のインパクトがあると報告（1ドル１３６円で計算、ＢＵＡ＝現状の政策のままとの比較）。

ビジネスで自然資本に貢献、地域に人・資金の循環生み出す

――世界各地で自然災害が多発し、人々は気候変動への危機意識を強めています。自然資本が減少しているということですが、気候変動ほどの危機感がないように感じます。

少しずつ変化しています。例えば欧米※のグローバル企業は大規模な植林計画を打ち出しています。CO_2の吸収だけでなく、生態系保全も目的としており、気候変動と生物多様性の課題の同時解決を考えています。すぐに利益が出るわけではありませんが、まずはプロジェクトに入り込み、次のステップを考えています。

2022年12月に国内で発足した「ナチュラルキャピタルクレジットコンソーシアム（NCCC）※」も、CO_2削減と生態系保全の価値創造を民間主導で取り組む組織です。森林や農作地、海洋、都市開発のCO_2吸収量や削減量を評価・測定し、クレジットを創出します。そのクレジットを購入した企業は自社の排出削減実績に加えられます。森林や農作地の維持は社会的な課題であり、クレジット取引による収入が保全や地方経済の活性化につながります。

CO_2削減だけが目的なら〝カーボンクレジット〟コンソーシアムと名付けたはずです。〝ナチュラルキャピタル（自然資本）〟としたのは、自然資本の減少に危機感を持ち、ネイチャーポジティブを必要だと思ったからです。大企業から地域企業までの33社

欧米企業の植林計画の例：アップル社（アメリカ）は2019年、2億ドルを拠出して森林再生基金を創設。アストラゼネカ社（イギリス）は2020年、5年間で5000万本を植林する「AZフォレスト」を始動すると表明。

NCCC：馬奈木氏が代表を務める一般社団法人Natural Capitalが事務局。

が同じ想いを持って参加しました。

―気候変動と生物多様性の解決を一緒に考える企業が増え、さらに長期視点で解決や利益を考える企業が増えているということでしょうか。

その通りですが、短期でも利益を得ることができます。ＮＣＣにもセンサー技術を自然の計測に活用する企業、都市開発に携わる企業も参画しています。まだ勉強中という企業もありますが、参加するということは意識や関心の表れです。

―ビジネスで自然の回復に取り組む企業が増えていることが分かりました。自然資本が減少するとどのような悪影響が出ますか。

豊かな緑や貴重な自然がある地域は、人々が訪れますよね。観光地が代表的です。生物多様性が失われると魅力に乏しくなり、行く価値がなくなります。

地方ほど自然が豊かです。自然が失われ、訪れる人が減ると地方経済は衰退します。仕事がなくなり、暮らす人も流出すると地域社会は成り立たなくなります。人の手が入らなくなるので自然の劣化も進みます。

人口の減少を食い止める手段と言えば、かつては産業誘致でした。今、工場を建設しても働く人の確保が難しい場合があります。自然が豊かであれば、そこでの生活に価値を感じて暮らす人がいます。緑が観光資源であれば、訪れる人がいます。地域に人が集まれば、地元の商業施設も潤います。自然を保ち、回復させ、地域に人や資金の循環を生み出すことが、これから求められるはずです。

――植樹や海岸清掃などで自然保護に協力する企業は多いですが、社会貢献の位置付けであり、必ずしもビジネスと結び付いているとはいえませんでした。NCCCのように、本業とつなげて戦略的に自然保護に取り組むように企業の意識が変わってきたようですね。

だいぶ変わったと思います。気候変動問題に対してもビジネス界が前向きだったかというと、かつては違いました。今はハリケーンや水害、熱波などの気候災害が毎年、発生しています。水害による建物の被害や販売機会の損失、操業停止などで経営にダメージが出ており、気候変動とビジネスとつながりを実感しています。

生物多様性の重要性も理解し、自然との結び付きが強い地域の活性化を考える企業が増えています。インフラ整備やマネジメントに関与できるのは企業にとってインセンティブです。残さなくてもいい地域であれば、企業は頑張らないはずです。やはりキーワードは「自然」です。以前、それほど興味が持たれなかったかもしれませんが、今は自然資本の回復がビジネス機会と思えるようになりました。これは大きな進歩です。

カーボンプライシング※も、かつて大企業はコスト負担になると反対していましたが、今は反対しなくなりました。どうしても最初は反対意見が出ます。しかし今、少しでも

※**カーボンプライシング**：CO_2排出量に応じて費用負担する制度。炭素税と排出量取引が代表的。

早く始めた方がビジネス機会だと認識されてきました。

中小企業も自然再生で新しいビジネス、ブランド創造

――大企業は早く情報をキャッチし、ネイチャーポジティブに向けて対応を始めることができると思います。中小企業はいかがでしょうか。

中小企業にネイチャーポジティブに関連した情報は伝わっていないと思います。小規模な自治体も同じです。

気候変動対策といえばCO_2削減だと分かりますよね。ネイチャーポジティブは何をしてよいのか、言葉だけ聞いてもすぐに理解できません。

その一方で、NCCCには事業規模が小さな企業も参加しています。例えば日創プロニティ（福岡市南区、東証スタンダード上場）は金属加工業ですが、新しいビジネスで地域に貢献したい想いを抱いています。こういった感度が高い企業が成長するのではないでしょうか。

また、中小企業であっても大企業との連携で成長するケースも増えていくと思います。

―経営者の感度や意識が大事でしょうか。

感度もありますが、次のステップに移れる余裕も大事ですよね。経営者によっては商品を売ることに精いっぱいであり、余裕がないのは仕方がないことです。ただし、同じ商品でもカーボンフリーな素材に変えることでブランド価値を高められます。もしくは取引先の大企業との連携で、生態系保全によるブランド化を実現することも可能です。このような発想ができる経営者や担当者がいればいいですね。

―政府や自治体、業界団体からの啓発も必要となりますか。

そうであればよいですが、最初に動くには生物多様性を心配する個々の企業でしょうね。少しずつ増えていくと、周囲の企業も刺激を受けて取り組むようになります。行政や商工会議所が勉強会を開くことは大切ではありますが、企業同士の連携の場をつくれるとよいです。

―では、実際にネイチャーポジティブにする活動とは。

民間主導と行政を巻き込むケースの2通りが考えられます。

まず民間主導型ですが、調達方針に自然配慮を明示し、事実上の取引ルールにする方法です。例えばアパレルなら、自然環境を守って栽培した綿を調達します。逆に農薬を過剰に散布する農家、汚水を流す染色工場とは取引しません。明確なルールがあることで、自然を破壊して操業する企業は調達先から外されます。企業は本業である調達活動でネイチャーポジティブを実践できます。サプライヤーも率先して取り組むことで〝選ばれる企業〟になります。

次に自治体を巻き込んで推進するケースです。自治体と連携すると公共的な価値を得られるので、地域貢献が明確に見えやすくなります。※九州大学は、大分県佐伯市と協定を結びました。自治体の漁業組合が海の生態系を守り、炭素の吸収量も増やす活動を始めます。その成果を九州大学が科学的に評価します。漁業組合は自治体との連携と大学による第三者評価によって地域貢献を伝えやすくなります。大企業が加わると、もっと大規模な展開が可能です。

企業は理想論ばかり言わず、自分が実践できる現場はどこなのか、どの動植物を守れるのか、中小企業も地元で実践できることを探し、パートナーを見つけることが必須になります。

正しさ伝え、次につなげる情報開示を

―気候変動はCO_2排出削減量で活動の成果を評価できます。生物多様性にも指標が必

九州大学と佐伯市の協定：2023年1月、佐伯市鶴見の海域におけるブルーカーボンのクレジット化実現を目的とした連携協定を締結。クレジット化の実現と藻類資源の回復を目指す。

要ですか。

指標がないと伝わらないですね。なるべく公的であり、誰でも使え、正しさがある学術ベースの指標がいいでしょう。

私は新国富指標を国連の代表として報告書にし、学術論文にして海外に発表しています。これは誰でも使え、誰もが正しさを理解でき、誰もが評価できます。計算方法を詳細に理解していなくても、結果について社会に合意してもらえます。

逆にうまくいかないのは、独自指標です。自社開発のような「わが社」の指標は理解が難しく、他人がまねできません。大事なのはまねができない素晴らしさではありません。

統一された測定方法があるなら生物多様性保全に取り組むという意見が聞かれます。これから統一された測定方法の最初の事例をつくる企業が増えていくでしょう。

—新国富も指標になりますか。

新国富は国際的に正しい指標です。森林や農地、漁場などの資源を経済価値として表すので、経済界が採り入れやすいです。それに企業は貨幣価値が分からないと投資判断ができません。そのため、経済価値への変換は必須です。

—2022年12月、COP15で新目標「昆明・モントリール生物多様性枠組み」が採択

され、企業に対して生物多様性への依存度や影響度の情報開示を求めるターゲットが合意されました。

情報開示はいいですが、なんでもかんでも開示を求めるのでは企業の担当者の仕事が増えるだけです。これでは、うまく回っていきません。

馬奈木 俊介氏

開示義務があるからやるのではなく、商品や取り組みの〝正しさ〟を伝え、ブランド価値向上に寄与する情報発信が求められます。企業に開示を要求する側も、開示に意義を持ってほしいです。開示のために集めた情報を活用し、次につなげる開示にしないといけません。

また、自然に配慮して操業する企業と取引している証明も大切になります。私は国際的な証明をつくろうと思い、大学発ベンチャーの「aiESG」※を設立しました。いま、企業と連携して開発を進めています。

新国富は、自然資本を増やすことで社会が豊かになるという考え方です。また、新国

aiESG：ESGとマネーフローから、プロダクトやサービスを包括的に評価する。ハーバード大学などと共同開発した評価基準と、AI技術を活用し、詳細で複雑な解析を行う。

富は英語ではInclusive Wealth（包括的な富）です。新国富指標を開示に使えば自然資本を測れ、豊かさの向上も評価できます。

成功事例増やしてネイチャーポジティブへ変革

—COP15が終わり、約200カ国がネイチャーポイティブの考え方に合意しました。気候変動に比べて遅れていると指摘していましたが、今回の合意によって生物多様性への取り組みも加速していきますか。

1回、1回のCOPでは進展を感じられなくても、少しずつ進んでいます。もっと早く進んでほしいと思っている人にとっては遅く感じられますが、長い目で見ると進展してきました。

COP15が大きな成果かというと、そうではないと思います。ただ、ネイチャーポジティブや自然資本という言葉が世界の共通言語となりました。次は成功事例を増やしたいです。議論だけではなく、実際のネイチャーポジティブの現場を示せると、変革が加速するはずです。

2-2

〈解説〉TNFDの目指すものとその最新状況

TNFDタスクフォースメンバー
MS&ADインシュアランスグループホールディングスTNFD専任SVP／
MS&ADインターリスク総研 フェロー

原口 真

TNFDに至る自然関連情報開示の経緯

2022年12月に開催された国連生物多様性条約締約国会議（CBD COP）で採択された「昆明・モントリオール生物多様性枠組（GBF）」において、「2030年昆明−モントリオールターゲット」のターゲット15では、締約国は企業や金融機関がその業務、サプライチェーン、バリューチェーン、ポートフォリオにわたって生物多様性に係るリスク、生物多様性への依存、影響を定期的にモニタリングし、評価、開示できるように奨励する措置をとるべきとされた。

ターゲット15は、2022年11月にリリースされたTNFD[※]ベータ版v0・3と整合している。ベータ版v0・3では、組織にとってのリスクと機会に加えて、自然への依存と影響を組み込むために開示提言案を拡大し、サプライチェーンのトレーサビリティに関連する新しい開示提言を示した。

2006年のCBD COP8では、企業の活動が生物多様性に大きな影響を与えており、既存の自主的または義務的な企業の情報開示に生物多様性配慮を組み込むためのガイダンスが有用であるとの見解が示されたが、その後、報告・開示基準の策定に進展しなかった。

2018年のCBD COP14において、CBDが世界経済フォーラムや持続可能な開発のための世界経済人会議（WBCSD[※]）などをオブザーバーとして招き、「ビジネスと生物多様性フォーラム」を開催したことが転機となった可能性がある。そこでは、事業会社だけでなく、民間の金融機関を巻き込むことの重要性が再認識された。

COP14決議を受けて、経済協力開発機構（OECD）が2019年5月にG7環境大臣会合（フランス）に向けたレポートを作成し、生物多様性をビジネスや投資の意思決定に組み込むための重要な分野として、戦略、ガバナンス、影響と依存関係の評価とリスク管理、情報開示などを提言した。

こうして、2020年7月にTNFDの設立を呼び掛けるイニシアティブが発表さ

TNFDベータ版v0・3：ベータ版フレームワークv0・1は2022年3月、v0・2は同年6月にリリース。2023年9月にv1・0となるフレームワークを完成させる予定。

WBCSD：1995年に設立。持続可能な開発を目指す企業が、世界から約200社加盟する。スイス・ジュネーブに本部を置く。

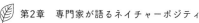

れ、2020年9月から2021年6月まで準備のための非公式ワーキンググループが開催された。そして、2021年6月、TNFDは金融機関、企業、政府、市民社会から広く支持され、正式に発足し、G7とG20もTNFDの設立を支持した。

TNFDが目指すのは「常に変化する自然関連リスクを組織が報告し、それに基づいて行動するためのリスク管理および情報開示に関するフレームワークを開発し提供することを使命とし、世界の金融の流れを自然にとってマイナスな結果から自然にとってプラスな結果へとシフトさせるようにサポートすること」である。

TNFDに関心を持つ組織が参加できるTNFDフォーラムには、2023年1月現在、900以上の組織が登録しており、日本は、イギリスに次いで2番目に登録者が多く、関心が非常に高い。

自然関連課題における気候関連課題との関連性と相違点

(1)気候と自然の統合（Climate-Nature Nexus）

気候変動と自然の喪失は、同じコインの両面であり、同時解決を目指さなければならない課題であるという見解が、国際的に共通認識になり始めている。

2015年のパリ協定採択を契機として、産業界は、TCFD（気候関連財務情報開示タスクフォース）による開示提言の開発に代表されるように、気候関連リスクと機会に注目し始めた。これによって、気候変動の緩和と適応分野への取り組みが急増したが、バイオエネルギーが食料競合を起こしたり、気候適応のための防災グレイインフラストラクチャー※によって自然が劣化したり、脱炭素社会移行のためのレアメタルの需要増によって生物多様性ホットスポットが開発されたりするなどの自然にマイナスな結果を引き起こしている。一方で、森林破壊が止まらないことによって、重要な二酸化炭素（CO_2）吸収源が急速に失われている。

カーボンニュートラルと自然にプラスの状態の両方をもたらす気候と自然の同時移行を促すESGのアプローチが求められている。

防災グレイインフラストラクチャー：鋼やコンクリートなど人工物を用いたインフラのうち、防災面におけるダム・堤防などのこと。自然環境の持つ多様な機能を活用した国土・地域づくりがグリーンインフラと呼ばれる。

(2)ロケーション・アプローチ　―気候リスクとの相違点

気候リスクは、温室効果ガス（GHG）の排出量を影響要因として、地球中どこでも同じように評価することができる。それゆえにそのリスクをある仮定のもとでは貨幣価値に換算することも可能である。

また、GHGは地球を循環する大気に排出されてから気象現象に影響を与えるため、多く排出した国や企業が一番大きなリスクを受けるといったメカニズムにはならない。

一方で、自然は、この大気も含めて、陸、海、淡水という4領域で構成され、この中

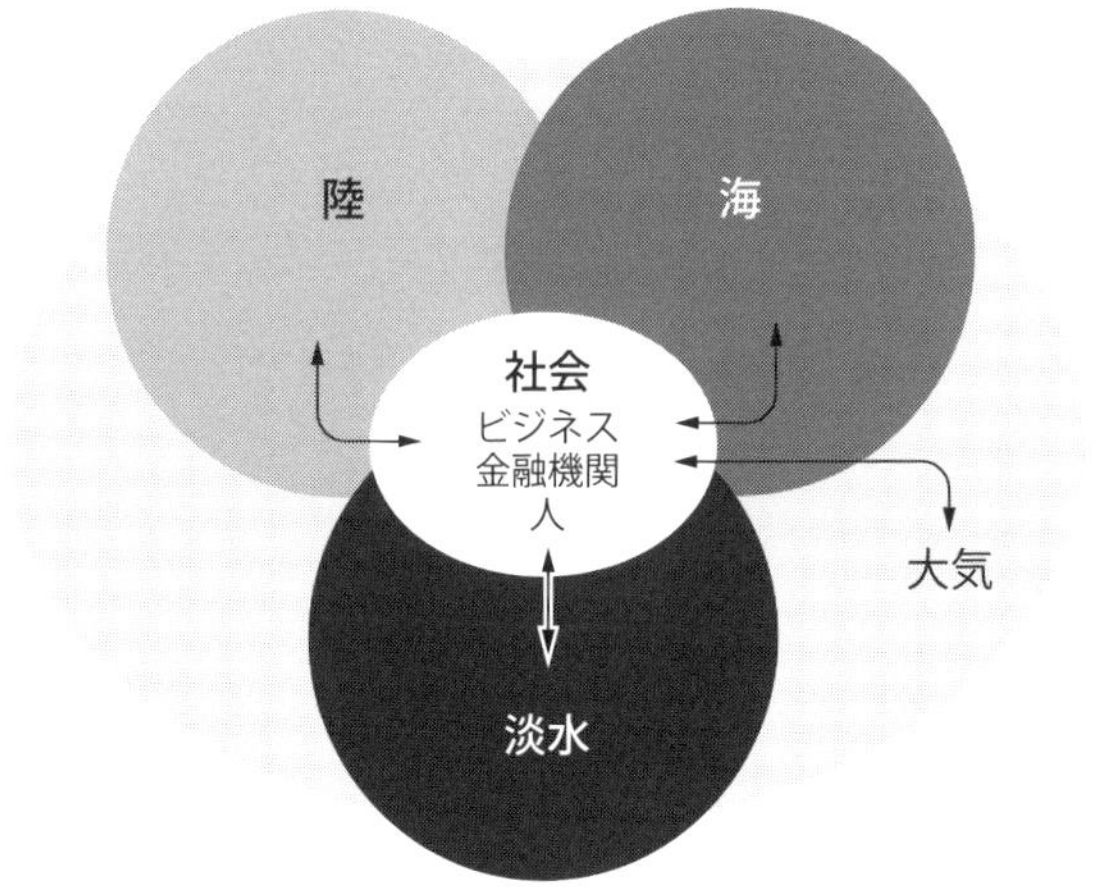

（出典：TNFD、2022（筆者による仮訳））

図2・1　自然の4領域

に、生物群系（バイオーム）や生態系といったさまざまな自然のタイプが存在する（図2・1）。したがって、ビジネスと自然との接点は、ロケーション（地域）ごとに異なり、また同じロケーションであってもセクターによって自然への依存や影響の関係は異なってくる。例えば、同じ熱帯雨林という生物群系であっても、インドネシアとブラジルの熱帯雨林では生態系が異なる。そして同じ生態系の中にある同じロケーションでも、そこで操業している飲料工場と鉱山会社では、自然との接点は大きく異なるものになる。

TNFDの開示提言案

図2・2は、TNFDの開示提言案が、TCFDの構造、アプローチ、言語を維持しながら、世界中の報告作成者の選好や管理区域によって異なる開示規制を遵守できるように柔軟性を持たせていることを表している。

□ベータ版v0・3で、自然への依存関係と影響を組み入れた開示提言案に拡大し、TCFDから踏襲した4本柱のうちの「リスク管理」は「リスクと影響の管理」となった

□自然のための固有の項目

●ロケーション（地域）の考慮（戦略D）

●サプライチェーンのトレーサビリティ（リスクと影響の管理D）

●権利保有者（ライツ・ホルダー）を含むステークホルダー・エンゲージメントの質（リスクと影響の管理E）

●組織の気候変動および自然関連の目標の整合性（指標と目標D）

なお、この開示提言案は、いまだ開発中であり、ベータ版v0・4（3月）、最終提言（9月）においても、構成が変更される可能性があることにご留意いただきたい。

TNFDは、多くの企業や金融機関にとって馴染みのない自然関連課題のリスク管理と情報開示をすぐに全社的に実施することは困難であると考えており、以下のように段

ガバナンス

自然関連の依存関係、影響、リスク、機会に関する組織のガバナンスを開示する。

開示推奨項目

A）自然関連の依存関係、影響、リスク、機会に関する取締役会の監視について説明する。

B）自然関連の依存関係、影響、リスク、機会の評価と管理における経営者の役割について説明する。

戦略

自然関連リスクと機会が、組織の事業、戦略、財務計画に与える実際および潜在的な影響を、そのような情報が重要である場合に開示する。

開示推奨項目

A）組織が短期・中期・長期にわたって特定した、自然関連の依存関係、影響、リスク、機会について説明する。

B）自然関連リスク・機会が組織の事業、戦略、財務計画に与える影響について説明する。

C）さまざまなシナリオを考慮しながら、組織の戦略のレジリエンスについて説明する。

D）完全性の低い生態系、重要性の高い生態系、または水ストレスのある地域との組織の相互作用について説明する。

リスクと影響の管理

組織が、自然関連の依存関係、影響、リスク、機会をどのように特定、評価、管理しているかを開示する。

開示推奨項目

A）自然関連の依存関係、影響、リスク、機会を特定し、評価するための組織のプロセスを説明する。

B）自然関連の依存関係、影響、リスク、機会を管理するための組織のプロセスを説明する。

C）自然関連リスクの特定、評価、管理のプロセスが全社のリスク管理にどのように組み込まれているかについて説明する。

D）自然関連の依存関係、影響、リスク、機会を生じさせる可能性がある、組織の価値創造のための投入物について、その供給源（Source）を特定するための組織のアプローチを説明する。

E）自然関連の依存関係、影響、リスク、機会に対する評価と対応において、権利保有者を含むステークホルダーが、組織にどのように関与しているかを説明する。

指標と目標

自然関連の依存関係、影響、リスク、機会を評価し、管理するために使用される指標と目標を開示する（かかる情報が重要である場合）。

開示推奨項目

A）組織が戦略およびリスク管理プロセスに沿って、自然関連リスクと機会を評価し、管理するために使用している指標を開示する。

B）直接、上流、そして必要に応じて下流の依存関係と自然に対する影響を評価し、管理するために組織が使用する指標を開示する。

C）組織が自然関連の依存関係、影響、リスク、機会を管理するために使用している目標と、目標に対するパフォーマンスを説明する。

D）気候と自然に関する目標がどのように整合され、互いに貢献あるいはトレードオフしあっているかを説明する。

（凡例）
最低限の変更でTCFDから踏襲
「自然」に対応するために改訂した項目
「自然」のための固有の追加項目

該当する場合、「リスクと機会」から「依存関係、影響、リスク、機会」という用語に拡大

（出典：TNFD、2022（筆者による日本語訳一部修正））

図2・2　TNFD自然関連情報開示提言（v0.3）

階的に取り組むことを推奨している。

①比較的狭い範囲から開始すること

②比較的集めやすく、使いやすい自社データがあるものから実施すること

③評価の助けになる既存の枠組みやツールを使うこと

日本において、ＴＣＦＤ開示が、東証プライム上場企業だけに義務化されていることから、ＴＮＦＤも同様になると考えている方が多いかもしれない。しかし、それは日本の規制当局の考え方であり、ＴＮＦＤフレームワークは、さまざまな規模、セクター、管轄区域の企業や金融機関が、マテリアリティに対するアプローチの選好やニーズに関係なく適用でき利用すべきであるというデザインの基本原則に従って開発されている。

今後、欧州を中心に上場企業以外でも開示義務化が進めば、そのバリューチェーンにつながる日本企業は、上場／非上場を問わず、ＴＮＦＤフレームワークを活用することが必要となるであろう。すなわち、自然関連の依存関係、影響、リスクは非常に局所的であるため、グローバルに展開する大企業や金融機関のみならず、中小企業や家族経営の農場に至るまで、サプライチェーン全体の企業が自然関連課題を特定、評価、管理し、データと知見を共有する必要がある。

ＴＮＦＤは、推奨される開示項目が、企業規模やロケーション、産業セクターによって柔軟に変更されるべきと考えており、開示指標を「中核（core）」と「追加（additional）」として分類し、ベータ版ｖ０・４で例示できるよう、開発を進めている。

2-3 〈解説〉海洋におけるネイチャーポジティブの実現と、それを阻むIUU漁業

シーフードレガシー　代表取締役社長
花岡 和佳男

漁業資源はすでに限界を迎えつつある

世界人口[※]は2058年に100億人に増加した後、2080年代には104億人でピークに達し、2100年までその水準が維持されると予測されている。食料需要の増加に伴い、地球の表面積の7割を占める海洋における持続可能なフードシステムの構築が緊急の課題となっている。

水産資源は本来、自律更新資源として再生産システムの中で成長し、世代交代を繰り返すため、科学的根拠に従った実効性のある管理を行えば持続的に利用できる。それにも関わらず、世界の漁業資源はいま、約3割が乱獲、約6割が満限利用の状態にあり、

世界人口：国連によると、2022─2050年、61カ国・地域では人口が1％以上減少すると予測。2050年までに増加が見込まれる人口の過半数は、サハラ以南アフリカの国々が占める。

まだ開発に余裕のある漁業資源は全体の1割以下で、その割合は年々減少している。

この課題を解決すべく世界各地でさまざまな厳しい水産資源管理が実施されているが、その目的達成を阻む主因の1つが「ＩＵＵ漁業」だ。これはIllegal（違法）・Unreported（無報告）・Unregulated（無規制）の頭文字から成る略語で、国家や国際社会により定められている法的な保全管理措置に反して行われる漁業活動の総称である。ＩＵＵ漁業は、持続可能な水産資源管理への脅威に加え、絶滅危惧種や保護種を混獲し、その回復を妨げるなど生物多様性をも脅かす。

また、正規の漁業者を不公平な競争にさらすだけでなく、現代奴隷の温床にもなっているとの指摘もある。世界の漁獲量の最大31％（重量ベース）が、違法や無報告で漁獲されたものだとする推計があり、海洋におけるネイチャーポジティブの実現を阻む存在と言える。

国際社会におけるＩＵＵ漁業撲滅へのコミットメント

ＩＵＵ漁業について国連食糧農業機関（ＦＡＯ）で初めて言及されたのは、１９９９年にＦＡＯ水産閣僚会議のローマ宣言において「全ての形態のＩＵＵ漁業に効果的に対処するために地球規模での行動計画を策定する」旨が決定された時である。その後、国連は「IUU漁業を防止、抑止、排除するための国際行動計画」（IPOA—IUU）※を発表し（2001）、各国に市場関連措置の実施を求めた。第70回国連総会（2015）で採択されたSDGsを中核とする「持続可能な開発のための2030アジェンダ」では、2020年までのIUU漁業の撲滅（SDGs14・4）や、2020年までのIUU漁業につながる補助金の撤廃（SDGs14・6）が掲げられている。そのほか、G20首脳宣言（2019、2020、2021、2022）、G7首脳成果文書（2018、2021、2022）、東アジアサミット（EAS）議長声明（2021、2022）、APEC首脳宣言（2021、2022）など、多くの国際会議でIUU漁業対策に関連する目標や方針などが採択されている。

これは遠い海の向こうの問題として俯瞰《ふかん》するだけで進む話ではない。2019年に大阪で開催されたG20サミットの首脳宣言にもIUU漁業の撲滅が明記されている。また日本政府は、違法漁業防止寄港国措置協定（PSMA）※への加入、地域漁業管理機関（RFMO）※における保存管理措置やIUU船舶リストの作成、途上国への関連支援なども行っている。

IPOA—IUU：「違法」に加え、漁獲量などのデータを報告しない、虚偽の報告などの「無報告」、無国籍などの船舶が規制または海洋資源保全の国際法に従わず操業している「無規制」も含まれる（シーフードレガシーHP）。

PSMA：2009年にFAOの枠組みのもとで採択された、寄港国による措置に主眼を置く初の多数国間条約。2022年11月現在、73カ国・1機関が締結。

RFMO：国際的な漁業管理における中心的な役割を担う。5つのRFMOが世界の海洋を管理し、日本はすべてに加盟。

世界の主要水産市場における市場関連措置

水産資源および漁業における管理強化と並行して、世界の主要水産市場では、ＩＵＵ漁業由来の水産物の市場流入を阻止すべく、市場関連措置が施されている。世界最大（金額ベース）の輸入水産市場をもつＥＵでは、２０１０年にＩＵＵ漁業規制の制度が始まった。ＥＵ域内で生産された水産物のトレーサビリティを強化するとともに、輸入水産物には漁業国が認定した漁獲証明書の添付を義務付けてＩＵＵ水産物の輸入の排除に取り組んでいる。

さらに、適切なＩＵＵ漁業対策を行っていないと認められる国をイエローカード国に指定して改善措置を協議し、改善が認められない場合はレッドカード国に指定してその国からの輸入を停止している。

世界第2位の輸入水産市場であるアメリカでは、２０１４年にＩＵＵ漁業対策に関する大統領タスクフォースが設置され、２０１５年に「行動計画」が制定された。その後、行動計画に沿ってＩＵＵ漁業取締に向けた国内連携の拡大、法執行力の強化、輸入される水産物のトレーサビリティ（追跡可能性）プログラムの開発などがなされ、２０１６年に海洋大気庁（ＮＯＡＡ）による水産物輸入監視制度（ＳＩＭＰ：Seafood Import Monitoring Program）を制定する最終規則が発表された。２０１８年1月より

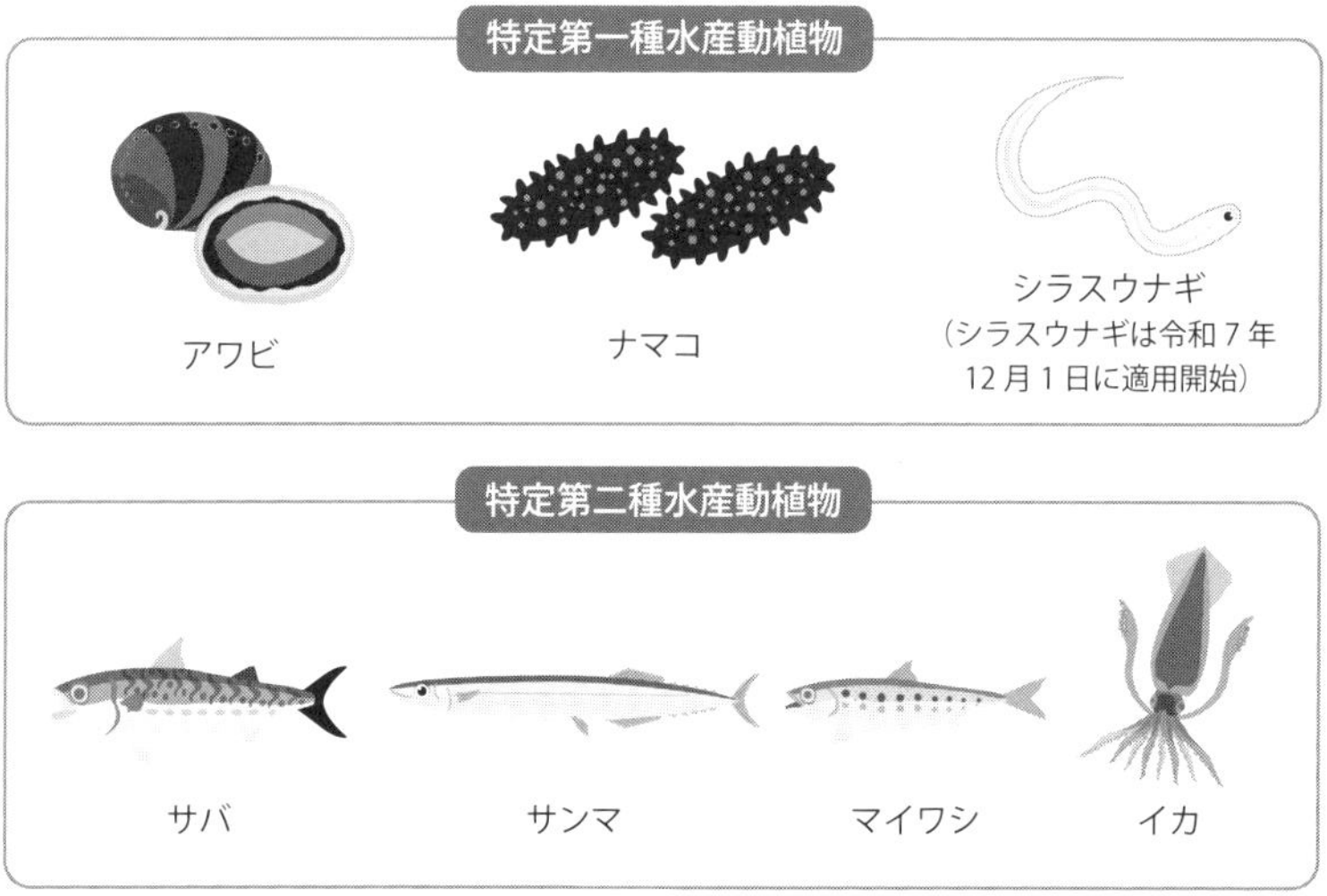

図2・3　水産流通適正化法の規制対象となった魚種

輸入の約60％を占める13種を対象に、水産物輸入監視制度の施行が開始されている。

世界第3位の輸入水産市場である日本はこれまで、IUU対策に取り組んでいた欧米市場から排除されるIUU漁業由来の水産物が大量に流入し、正当な事業者による水産物とIUU漁業由来の安価な輸入水産物との不公平な競争の場となっているリスクが高いとして、その脆弱《ぜいじゃく》性が指摘されてきた。そのため2021年の「IUU漁業指数」※で、日本は150カ国中140位という低評価を受けている。

こうした背景から、日本で

IUU漁業指数：漁業・養殖コンサルタント会社とNGOが発表。2021年は上位からエストニア、フィンランド、スウェーデン、下位から中国、ロシア、韓国。

も世界で3番目となるIUU漁業由来の水産物の流通を防ぐ制度「特定水産動植物等の国内流通の適正化等に関する法律（以下、水産流通適正化法）」[※]が2020年に制定され、2022年にその施行が開始された。国内において違法かつ過剰な採捕が行われるリスクが大きい魚種を「第一種」、海外から輸入されるIUU漁業のリスクの大きい魚種を「第二種」として規制対象とし、第一種にはナマコ、アワビ、シラスウナギ（シラスウナギは令和7年12月1日～適用開始）、第二種にはサバ、サンマ、マイワシ、イカが選定されている（**図2・3**）。欧・米と比較し対象種数こそ少ないものの、日本の水産流通適正化法の施行開始は、国際的に流通する水産物の半分以上を占める世界三大市場が揃ってIUU漁業にNOを突きつける、主要水産市場としての責任を果たす第一歩として、国際社会から大きな注目を集めている。

水産流通適正化法：違法に採捕された水産動植物の流通を防止する。特定の水産動植物について、採捕者の届出、輸出入時、適法に採捕されたと証する書類の添付の義務付けなど。

水産流通適正化法の課題と展望

水産流通適正化法には「国内で獲られる水産物を取り締まる機能」と「輸入する水産物を取り締まる機能」の2つの機能がある。このうち「国内で獲られる水産物を取り締まる機能」に関して、ここでは太平洋クロマグロについて取り上げたい。この魚種は施行当初規制対象となっていなかったが、2023年2月に青森県大間産クロマグロの漁獲量未報告事件が起き、国内でのIUU漁業リスクも高いことを世に示した。※太平洋クロマグロが国際資源として管理されていることから、農林水産大臣が「国際的な信用を失っていく」と公に懸念を示す事態に至った。

深刻な枯渇状態にあった太平洋クロマグロの資源回復の立役者であったはずの日本の国際的信用が失墜すれば、国際会議での日本のリーダーシップは困難となり、これまで真面目に資源回復に取り組んできた関係者の努力も水泡に帰す。早急に同種を含む対象魚種の拡大に加え、客観性を担保する強固な漁獲報告およびトレーサビリティ・システムの構築、十分な監査体制の構築などの根本的解決が求められている。

「輸入する水産物を取り締まる機能」においては、開始当初より規制対象に特定されているイカについて取り上げたい。洋上の漁業活動に透明性をもたらすことによって世界の海の持続可能性を前進させることをミッションとするグローバルフィッシングウォッチ※（GFW）は、2020年、中国無報告漁船や無国籍IUU漁船が、2017年に900隻以上、2018年に700隻以上北朝鮮水域でスルメイカを漁獲していると報告した。日本はイカの輸入量の約半分を中国に依存しているが、中国政府はこの報告の後、これらの漁船の実質的所有者や運航者を逮捕し、100隻以上の漁船をスクラップしたと言われている。

しかし、その後も多くのIUU漁船は北朝鮮水域から南米やインド洋などの水域に移

太平洋クロマグロが国際資源として管理：中西部太平洋における高度回遊性魚類（マグロ、カツオ、カジキ類）資源の長期的な保存および持続可能な利用を目的とした地域漁業管理機関「中西部太平洋まぐろ類委員会（Western and Central Pacific Fisheries Commission：WCPFC）」により管理されている。

GFW：2017年に非営利団体として設立。グーグル社が公開する漁船位置を可視化し、世界の海を監視する。

動し、イカ類などを漁獲していると推察しており、その漁獲物が日本を含む水産物市場に搬入され続けている恐れがあると指摘している。

こうしたIUU漁船の漁獲物を市場から確実に排除するためには、中国を含む東アジア圏での地域的協力が必須であり、水産流通適正化法はこの協力に欠くことのできないツールとして期待される。一方で、日本の「輸入する水産物を取り締まる機能」においては、対象魚種の拡大や旗国※政府による報告内容の正確性の担保など、改善すべき課題はまだ多い。

水産流通におけるトレーサビリティの追求

IUU漁業由来の水産物と正規の漁業者による水産物が混ざってしまうリスクを排除するには、消費地から漁場までを追跡できるフル・トレーサビリティ・システムの構築が必要となる。アメリカを中心とする政府、水産業界、NGOなどは、「Seafood Alliance for Legality and Traceability（SALT）」という自主的なプラットフォームをつくり、トレーサビリティに取り組む組織によるコミュニティを形成している。北部ヨーロッパの国々やアメリカなどの大手小売の多くは、販売する水産商品の大半をすで

旗国：船舶は、掲揚する国旗の属する国、すなわち船舶が籍を置く国の領土の一部として取り扱われ、当該国の法令の適用を受ける。

に、流通過程の管理認証のついたものや他の手法でトレーサビリティが確立されたもので揃えている。

そもそも、天然資源に依存する水産業にとって、環境持続性の非担保はすなわちビジネスモデルの破綻を意味する。国内消費水産物のおよそ半分を輸入に依存する日本でも、国内二大小売企業であるイオンとセブン＆アイ・ホールディングス、そして日本生活協同組合連合会は、それぞれの持続可能な調達方針や原則で、違法に漁獲された原材料を調達することのないよう、トレーサビリティの確保に務める旨を宣言している。三大水産企業であるマルハニチロ、ニッスイ、極洋は、世界の大手水産会社と海洋・漁業を研究する科学者で構成する海洋管理のイニシアティブ「ＳｅａＢＯＳ」※に参画し、ＩＵＵ漁業の撲滅や水産物のトレーサビリティの徹底を含む重要課題に取り組んでいる。三菱商事や東洋冷蔵も２０２２年にマグロ類の調達方針を改訂・発表し、サプライチェーンにおけるＩＵＵ漁業や人権問題への取り組みを進めており、日本でもトレーサビリティの強化は加速している。

昨今、急増するＥＳＧ投融資の分野でも、トレーサビリティが融資条件に入れられるケースが増えつつある。例えば、２０２１年、みずほ銀行や三菱ＵＦＪ銀行などは、世界最大手のツナ缶メーカーであり、欧米や中国のメジャーな缶詰ブランドを所有するタイ・ユニオン社に対して、借り手のサステナビリティの取り組みの達成状況に応じて金利の引き下げなど融資条件が優遇される「サステナビリティ・リンク・ローン（ＳＬ

※ＳｅａＢＯＳ：２０１６年に設立され、現在10社が参加。

L)」の形で、400億円超を融資した。項目には、企業の持続可能性を測る「ダウ・ジョーンズ・サステナビリティ・インデックス」※で高い評価を維持することや、GHGの削減目標の達成に加え、IUU漁業との関わりや漁業従事者の人権確保状況などについてトレーサビリティの強化を図ることが挙げられている。

漁業における透明性（トランスペアレンシー）の追求

IUU漁業は目が届きにくいところで行われる特性があるため、実態を把握し、対策をとるためには流通に加え漁業における透明性の追求も欠かせない。国際NGOや社会企業などによるプラットフォーム「The Coalition for Fisheries Transparency（CFT）」※は、この問題の解決を目指し、漁船漁業の透明性に関する10の原則を掲げ、各国政府や国際機関などに働きかけを行っている。

①すべての漁船、冷蔵冷凍運搬船、補給船（以下「漁船」）に固有識別番号を付け、国連食糧農業機関（FAO）のグローバルレコードや地域漁業管理機関（RFMO）などの関連機関に番号を届け出る

ダウ・ジョーンズ・サステナビリティ・インデックス：S&Pダウ・ジョーンズ社（アメリカ）が毎年公表する株式指標。経済・環境・社会の側面から企業の持続可能性を評価する。

CFT：2022年10月に設立された、水産業における透明性の向上を活動目的とするグローバル・プラットフォーム。2023年3月、「漁業の透明性に関する世界憲章」を発表。

②漁船免許（主要船舶情報を含む）、許可証、助成金、漁業アクセスに関する公式協定、（漁業・労働関連の法令違反に対する）制裁のリストを公開し、ＦＡＯグローバルレコードにその情報を提供する
③船舶の実質的所有権を公開する
④船舶と旗国との間の真正な関係について定める、国連海洋法条約（ＵＮＣＬＯＳ）第91条を実施して漁船による便宜置籍の使用を打ち切り、船舶が掲げる国旗にかかわらず、違法・無報告・無規制（ＩＵＵ）漁業や関連する違反行為に関与した人物（当該船舶から経済的利益を得る所有者、事業者、船長、物流・サービス業者、金融業者、保険業者など）を罰する
⑤船舶位置の公開を義務付ける（船舶位置監視システム（ＶＭＳ）※やその他の非公開システムの共有、あるいは船舶自動識別装置（ＡＩＳ）※の義務付けによる）
⑥事前の許可なく、また十分な監視や記録の公開がない状態で、海上での漁船間の水産物の転載を禁止する
⑦「漁網から食卓まで（net to plate）」製品のライフサイクル全体を通じて、水産物が合法かつ追跡可能であることを保証する強固な規制・制度を導入すること、関連する漁獲管理措置に準拠してその主要データを公開することを義務付ける
⑧ＦＡＯの違法漁業防止寄港国措置協定（ＰＳＭＡ）、国際労働機関（ＩＬＯ）の漁業労働条約（Ｃ１８８）、国際海事機関（ＩＭＯ）による漁船の安全のためのケープタ

ＶＭＳ：衛星を活用し、船舶を監視するシステム。

ＡＩＳ：船名、位置、目的地などの船舶情報をＶＨＦ帯電波で自動的に送受信し、船舶局相互間、船舶局と陸上局間で情報の交換を行うシステム。一定の基準を満たす船舶に対して搭載が義務付けられている。

ウン協定など、漁船や水産物の取引に関する明確な基準を定めた国際文書を批准し、遵守する

⑨収集した漁業データや科学的評価データをすべて公開する。また、漁業に関する規則や規制、助成金、関連予算の作成および漁業資源の利用に関する意思決定の際に、小規模漁業事業者、業界団体、市民社会が公平にこれらの情報にアクセスし、その作成および決定プロセスに適切に参加できるようにする。さらに、一般市民および管轄当局がこれらの情報に容易にアクセスできるようにする

⑩乗組員の身元情報、国籍、性別、契約条件、就職斡旋業者、船舶に乗り込む場所や手段、船舶の状況に関して正確な情報を収集、検証し、情報を集約して公開する

海におけるネイチャーポジティブの実現にあたって

国家や国際社会が定める法的な保全管理措置に反して行われるＩＵＵ漁業を撲滅できれば、適切な水産資源管理が効を成し、資源や生物多様性が損なわれることはなくなり、ネイチャーポジティブ実現への大きな一歩となる。水産資源管理の強化に加えて必要な2つの要素は、流通におけるトレーサビリティ（追跡可能性）と、漁業におけるト

ランスペアレンシー（透明性）の追求だ。

政府は制度の策定に加え、改善の精度と速度の向上が求められる一方、事業者や業界団体は同業他社やサプライチェーンを巻き込んだ非競争連携体制の構築が急がれる。できない理由を挙げることに時間を費やせば費やすほど、解決は遅れ、泥舟化は進み、浮上が困難になることは言うまでもない。

水産資源は国境や世代を超えて共有する人類のかけがえのない財産だ。水産分野における環境持続性や社会的責任の追求において、アジア圏、ひいては世界のフロントランナーになり、海のネイチャーポジティブをけん引することが、かつては世界最大の水産大国にまで上り詰めた日本の水産業や魚食文化の、国際社会に誇れる未来の姿ではないかと、筆者は考える。

2-4 〈インタビュー〉藤井 一至氏　森林総合研究所主任研究員

専門家から見た生物多様性をめぐる課題とは何か。「土の研究者」として知られる森林総合研究所の藤井一至主任研究員に聞いた。

不都合も受け入れる生物多様性の議論を

—土を通して農業や生態系を研究していますが、ネイチャーポジティブへの機運を感じることはありますか。

例えば、リジェネラティブ農業※（環境再生型農業）がネイチャーポジティブに通じるのではないでしょうか。土壌の肥沃度を維持するだけでなく、土壌の健康を改善させて自然環境の回復につなげようとする農業です。土壌に有機物が増加すると炭素も貯蔵するため、気候変動の抑制にも貢献します。これまで有機農業や環境保全型農業といった取り組みのルールが作られ、奨励されてきましたが、さらに、生物多様性の喪失や異常

リジェネラティブ農業：地表をマメ科植物などの植生や作物残渣《ざんさ》で被覆し、家畜の働きを含めて土壌有機物や土壌生物を増加させ、土壌環境を改善しようというアプローチ。土を耕さない不耕起栽培もリジェネラティブ農業の原則の1つ。

気象に対する危機感が高まったことで、リジェネラティブ農業への関心を高めています。

また、ネイチャーポジティブは※サーキュラーエコノミーにも通じるのではないでしょうか。一例が、飲食店から出た食品廃棄物を堆肥にし、その堆肥を使って育てた野菜を飲食店が仕入れて調理する〝循環〟です。

食品廃棄物を燃焼するとCO2となって大気中に放出されます。堆肥にして土にかえせば、CO2を排出しません。土中の有機物が増えて微生物も増加し、化学肥料の使用量を減らせるので農家は経済的なメリットを得られます。場合によっては、飲食店も食品廃棄物の処理費を抑えられます。付加価値を高め、生産コストを削減できれば、集客につながる可能性もあります。

このように1つの取り組みが複数の利益を生みだす※コベネフィットを成り立たせることが、生物多様性の向上に必要ではないでしょうか。

もっとも多様性のある土が物質循環を担う

――生物多様性が議論される時、植物や動物が注目されますが、土が話題になることは少

サーキュラーエコノミー：資源を廃棄物にすることなく、リサイクルすることで廃棄物を減らす循環（型）経済のことを指す。できるだけ少ない資源をより長く使う経済モデルを指し、修理や共同所有（シェアリング）ビジネスの成長が期待されている。

コベネフィット：例えば森林保全が生物多様性保全だけでなく、CO2の吸収や雇用、観光にも相乗効果を生み出すこと。

ないと感じています。

生物多様性の保全に関する議論は複雑です。暮らしが便利になるインフラの建設によって失われる生態系があったとき、絶滅危惧種の保護による開発中止を訴えても、便利さを享受する人々には納得できない可能性があります。そこですら難しいのに、さらに土は認識されることは少ない縁の下の力持ちのような存在です。ただ、保護対象の動物や植物だけを守ることができるわけではありません。土は物質循環を担っています。

モグラをエサにする鳥がいるとします。モグラはミミズを食べます。ミミズにとって土の微生物が食料です。土があるから樹木や昆虫が生息し、それを食べる鳥がやって来る生態系が成立します。

「生物多様性」なら多様な動植物が大切ということなので、多くの人が関心を持ちやすい言葉です。しかし、「土にかかわる生活を素晴らしい」と思う感覚があれば、「素手で触ると病気になる」「汚い」という恐怖心もありますよね。土は地球上でもっとも微生物の多様性が高い場所です。自分にとって都合のいい動植物や微生物ばかりではないのが生物多様性です。この生物多様性[※]を正しく理解し、意識して行動している人は少ないのではないでしょうか。

生物多様性の理解：内閣府の2022年7―8月の世論調査によると、生物多様性の言葉の意味を知っている割合は29・4％。

他人事ではない海外の土の劣化

—日本人の生活が海外の土に依存していることを著書『大地の五億年』（山と渓谷社）で解説していました。国内だけでなく、海外とつながったサプライチェーン全体を考えないとネイチャーポジティブを実践できないと感じました。

牛乳について考えてみると、国内の乳牛が食べている飼料の多くは海外で生産されています。その飼料の栽培には多くの水を消費し、農薬や化学肥料も使っています。「国産の牛乳」と言いながら、潜在的には「海外産」であり、私たち日本人の食生活は国外の土に依存しています。その海外の土が劣化していた場合、他人事ではありません。

また、北海道では牛フンの処理に困っているという問題もあります。フン尿を発酵させて堆肥にしたとしても、近くに堆肥をまく畑が足りません。狭い畑に大量の堆肥を入れると過剰な窒素が地下水に流出し、健康被害を招くリスクもあります。その牛フンの元となる飼料は、海外の土の栄養素でできています。牛フンの産廃処理を減らし、海外の土壌への負荷を抑えるには、飼料の自給率向上を考える必要があります。

インドネシアの石炭採掘跡地では、何も植物が生えてきません。石炭に含まれる硫黄が強酸性の硫酸に変わり、土壌が酸性化したためです。採掘した安い石炭は日本を含む海外で消費されています。インドネシアの石炭のおかげで、私たちは安価なエネルギーを使えたとしても、土を元に戻すコストまで支払いません。石炭を掘り尽くした後、現地の住民は貧しい生活に戻ると思うと責任を感じます。

　海外の土壌の劣化を放置していると農地の適地が減り、いずれ私たちの生活に影響が出るかもしれません。


――将来、経済的な損失が発生すると考えると対策をとる動機付けになりそうです。


　土をよくすることに経済的価値があればいいですね。

　ただし、続けないといけません。「何年までに」と期限を決めて目的を達成したとしても、そこで止めてしまうと自然は劣化してしまいます。

　また、先進国の意見だけで自然を守る素晴らしいルールを決めたとしても、途上国にとっては経済発展の妨げとなる場合があります。今後一切、自然に手を入れてはいけないと決められたらインフラや食料生産のための農地も作れないからです。生態系保護に完璧な方法はなく、難しいです。

　生物多様性が大事というのなら、私たちが気に入らない生物も受け入れないといけません。人間にとって都合が悪い微生物でも、物質循環を担っている微生物もいます。有用と有毒は紙一重です。人類は生物の世界を完全に理解できていません。あらゆる生物を残しておかないと将来、不利益を被る恐れがあります。絶滅させてしまったら、取り返しがつかないことになるかもしれません。

藤井 一至氏

また、ある農園で生態系破壊を防ぐため農薬や化学肥料を減らしたとします。減った収量を補うために生産者は、森林を伐採して農園の面積を広げるかもしれません。生物多様性を守っているつもりでも、全体として多様性が失われるという事例もあります。

生物多様性を向上させるには住民や生産者、科学者、企業、政策決定者などあらゆる立場の人が、あらゆる情報を基に対策を検討しないといけないと思います。

第3章

実践企業に学ぶ ネイチャーポジティブ

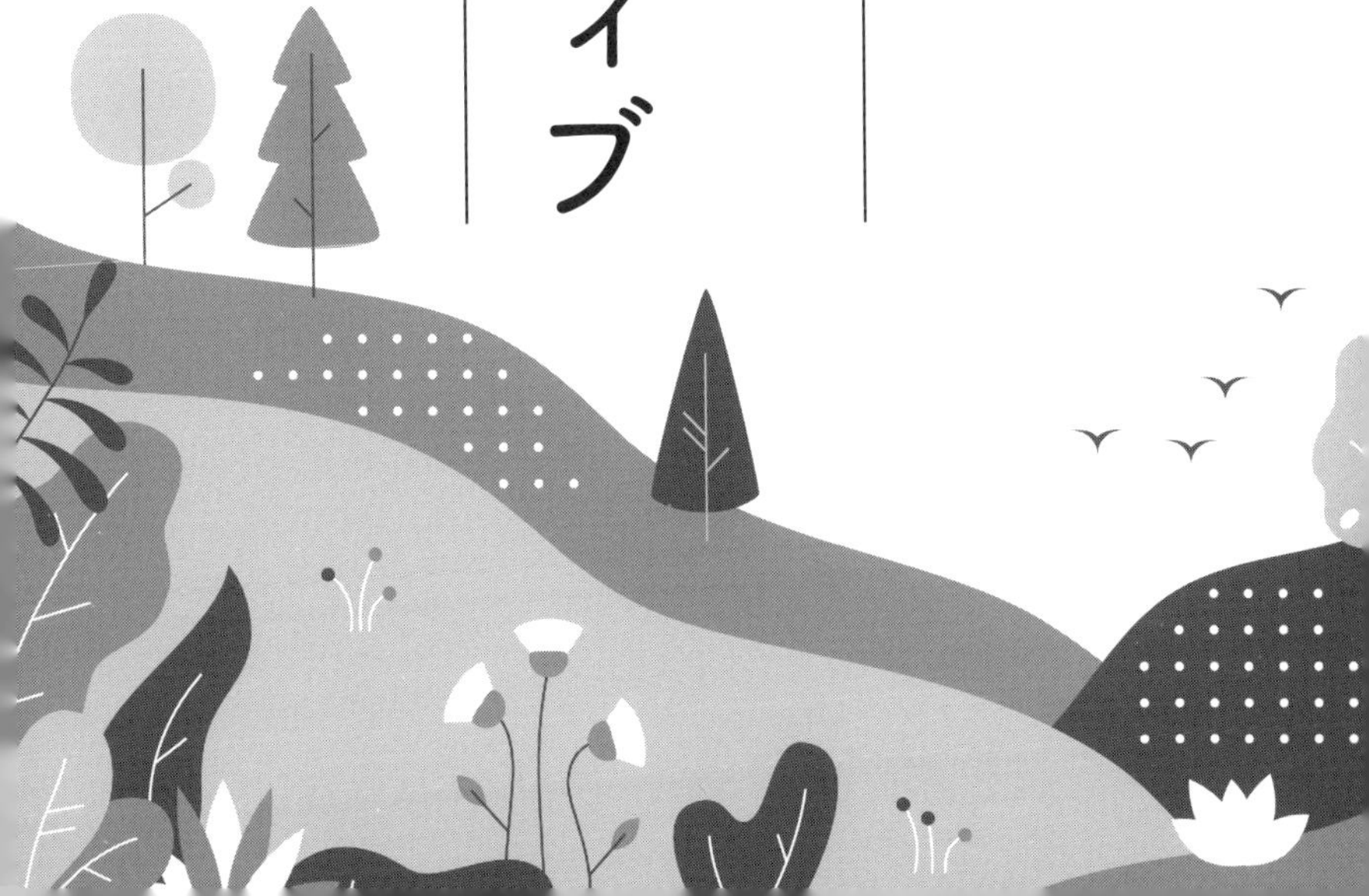

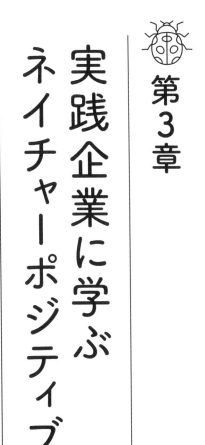

3-1 NEC 我孫子事業場 四つ池

もっとも絶滅の危機にある淡水魚、ゼニタナゴを工場内で保護

NECは2022年10月、地域の自然保護団体などと同社の我孫子事業場（千葉県我孫子市）内の池に関東で絶滅したとされるゼニタナゴを放流した。企業が管理する敷地で絶滅危惧種を野生復帰※させる試みだ。繁殖に成功すると工場の緑地が生物多様性保全に優れた場所という証明となる。

我孫子市は千葉県北西部に位置し、北は利根川、南は天然湖沼「手賀沼」がある。市内の主な駅はJR上野駅から30—40分の距離だ。

NECの我孫子事業場は住宅街と水田、利根川に囲まれた場所に立地する。事業場の建物の裏に林が広がっており、木々の中の道を抜けると通称「四つ池」にたどり着く。航空写真からでも楕円《だえん》の池が4つ並んだ姿を確認できる。そばにはラグビー・NECグリーンロケッツ東葛の練習グラウンドもある。

池の前に立つと、周囲が樹木に囲まれていると分かる。まるで山道をハイキング中に

野生復帰：施設で育てた生物を生息地へ戻して個体数を回復させる取り組み。自然から姿を消したトキも野生復帰に取り組まれている。

図3・1　子供たちによるゼニタナゴの放流

現れた池のようで、工場内と思えないほど静かだ。その四つ池の「D池」に地元の子供たちがゼニタナゴ約100匹を放流した（図3・1）。

ゼニタナゴ100匹を放流

ゼニタナゴは日本固有の淡水魚。全長は7―9㎝、肌は金属のような光沢がある（図3・2）。平野部の浅い湖沼や池、水路など人間の生活に近い場所が生息地だ。関東以北に分布していたが、水質の悪化や外来魚にすみかを奪われて減少し、現在は宮城、秋田、岩手県で生息が確認されるだけになった。淡水魚でもっとも絶滅の可能性が高く、環境省は絶滅危惧IA※（ごく近い将来、野生での絶滅の危険性が極め

絶滅危惧ⅠA：環境省によるレッドリスト（絶滅のおそれのある野生生物の種のリスト）は、「絶滅（わが国ではすでに絶滅したと考えられる）」から「絶滅のおそれのある地域個体群（地域的に孤立している個体群で、絶滅のおそれが高い）」までの9つに分類。

図3・2　日本固有の淡水魚であるゼニタナゴ

て高い）に分類した。また、岩手県は天然記念物に指定し、福島県は条例で捕獲や飼育を禁止した。

　関東でも姿を消した。千葉県では利根川水系を中心に生息していたが現在では確認できず、絶滅か、それに近い状況と考えられている（※千葉県レッドデータブックから）。NECと保全活動に取り組む手賀沼水生生物研究会によると、手賀沼でも昭和20年代後半まで生息していたという。

　絶滅したと考えられる関東のゼニタナゴだが、滋賀県立琵琶湖博物館（草津市）で生き続けてきた。元観音崎自然博物館（神奈川県）館長の石鍋壽寛氏（故人）が1989年、霞ヶ浦でゼニタナゴを捕獲し、琵琶湖博物館が継代飼育をしてきた。その子孫を霞ヶ浦

千葉県レッドデータブック：千葉県が県内の希少種に関する生息状況などをまとめ、約10年ごとに発行。簡易版は約5年ごと。

市民協会と土浦の自然を守る会を経て2015年、手賀沼水生生物研究会が譲り受けた。

その後、NECと手賀沼水生生物研究会が協力し、我孫子事業場の小さな人工池で飼育してきた。繁殖したゼニタナゴを四つ池に放流し、野生復帰に挑む。

ゼニタナゴの繁殖期は9―11月で、二枚貝に卵を産み付ける。全国のタナゴ類に詳しい会社員の熊谷正裕さんによると、無事にふ化すると翌年春、四つ池でも稚魚を確認できる。ただし「産卵しやすい貝が多いなど、環境が整わないと生き残るのは難しい」という。NECと手賀沼水生生物研究会は2021年にもゼニタナゴの稚魚を四つ池に放流したが、繁殖を確認できなかった。2度目となる今回、繁殖に期待がかかる。

絶滅危惧のトンボも生息、外来種駆除して保全

野生復帰が試みられている四つ池は、NECが事業場を開所する前から存在する(**図3・3**)。利根川から派生したと考えられ、湧き水でできた自然の池だ。2009年の調査でオオモノサシトンボの貴重な生息地と分かった。オオモノサシトンボは体長が4―5㎝で、黒い斑点が特徴。関東や宮城県、新潟県に局所的と分布していたが、減少が激しい。神奈川県で絶滅し、東京都でも確実な記録がない。開発や水質の悪化、農薬汚染が原因だ(レッドデータブック・レッドリストから)。現在は環境省指定の絶滅危惧Ⅰ

図3・3　NECが野生復帰を試みる四つ池

B（ⅠA類ほどではないが、野生での絶滅の危険性が高い）となっている。

　四つ池には外来種のアメリカザリガニ（コラムで詳述）やブルーギル、オオクチバス（ブラックバス）も生息する。事業場内なので人が持ち込んだとは考えにくいが、繁殖力が強くオオモノサシトンボの生息地が奪われていた。

　そこで同社は同研究会や専門家とともに定期的に駆除してきた。2012年には池の水を抜く「池干し[※]」を実施。水路を伝って外来種が敷地外に逃げないように注意しながらポンプで水をくみ出した。ただ、日中の排水作業で水が減っても、水が湧き出るため夜間に水位が上昇する。約20日かけて水を減らした後、手作りの網

池干し：池干しによって外来種を捕獲し、駆除できる。ため池などの比較的範囲の狭い水域で有効な駆除方法。

で魚を捕獲し、在来種と外来種を分けた。この池干しで大量のイシガイが見つかった。イシガイは二枚貝であり、ゼニタナゴが卵を産み付ける場となる。イシガイの発見がゼニタナゴの野生復帰の試みにつながった。

２０１２年以降も定期的に外来種を駆除している。同研究会や専門家が四つ池でさまざまな方法を駆使して、特定外来生物を駆除している。

積極的な試みと詳細な記録に注目

長年、継続していると四つ池の生態系が見えてきた。ブルーギルとオオクチバスが減るとアメリカザリガニが増える。アメリカザリガニの天敵が減るためだ。アメリカザリガニが増えると、水草が減少する。水草はオオモノサシトンボの産卵場だが、アメリカザリガニが切ってしまうためだ。水草は水生昆虫（ゲンゴロウなど）や小魚のすみかであり、水を浄化する機能もある。水草がなくなると食物連鎖も途切れ、水質が悪化して水が濁る。

そこでアメリカザリガニを駆除するため、ニホンウナギを池に放した。ニホンウナギはアメリカザリガニの稚ザリガニを食べてくれるので駆除への期待がかかる。生物の食物連鎖を活用した外来種駆除は珍しく、研究者も注目している。※

ＮＥＣと手賀沼水生生物研究会は10年以上にわたる駆除を詳細に記録している。

※生物の食物連鎖を活用した外来種駆除：過去には失敗例もある。沖縄県や奄美大島での、ハブ・ネズミ駆除を目的としたマングースの導入により、固有種の動物が捕食された。マングースは特定外来生物。

2018年、四つ池最大の「A池」ではブルーギルを年5000匹取り除いた。その翌年、オオモノサシトンボが増えており、駆除の成果が出た。

だが、新型コロナウイルス感染症が流行した2020年、駆除活動が思うようにできずオオモノサシトンボが減少した。2021年は手賀沼水生生物研究会、東京勤労者つり団体連合会、法政大学市ヶ谷ボランティアセンターの協力で駆除活動を再開し、2018年と同水準に回復した。

企業の敷地内での外来種駆除は珍しく、サステナビリティ推進部の石本さや香さんによると「研究者の間で四つ池は有名。遠方からも視察が来る」という。

NECは毎年「生物多様性ダイアログ」を開催し、手賀沼水生生物研究会や有識者、我孫子市と活動成果を共有し、今後の取り組みを検討している。10年以上継続した活動が日本の自然保護と生物多様性の保全に貢献したと評価され、2022年には「日本自然保護大賞・選考委員特別賞」（日本自然保護協会）※を受賞した。

さらに2022年9月、環境省が生物多様性の質の高い緑地を認定する「自然共生サイト」制度の試行事業で、「認定相当」に選ばれた。2023年度から始まる「自然共生サイト」認定にも申請している。2022年11月には、手賀沼水生生物研究会とともに千葉県功労者表彰で環境功労を受賞した。

日本自然保護大賞：日本自然保護協会が2014年に創設。自然保護と生物多様性保全に大きく貢献する取り組みに対し表彰する。

田んぼ作りプロジェクトも展開、ICT活用

ＮＥＣは環境方針の中で社員一人ひとりが環境意識を高め、生物多様性保全に貢献することを定めている。事業活動や従業員の生活が生物に及ぼす影響をできる限り小さくし、生物多様性に貢献する従業員の活動やＩＣＴソリューションの提供を推進する。

事業拠点では排水や大気、土壌への有害物質の漏えい防止対策によって生物多様性に負の影響を与えるリスクを低減している。

また、生物多様性保全を経営に好影響をもたらす〝機会〟とも捉えている。拠点や地域での活動によって市民やＮＰＯなど多様なステークホルダーとの協働が生まれ、ブランド価値の向上や潜在的なビジネス発掘につながるからだ。

我孫子事業場での希少種の保護以外にも、「田んぼ作りプロジェクト」で地域と交流しながら活動を展開している。

田んぼ作りプロジェクトは２００４年、茨城県石岡市東田中地区の谷津田で約２反（１反は約１０００㎡）を30年ぶりに復田したことから始まる。ＮＥＣグループ社員とその家族の環境意識の向上と生物多様性保全を目的に、認定ＮＰＯ法人アサザ基金と協働し、「１００年後にトキの野生復帰」※を目指している。

参加する社員と家族は田植えや稲刈りだけでなく、収穫した米での日本酒造りも体験している。日本酒は、本業のＩＣＴで環境負荷低減に貢献するという想いを込めて「愛

１００年後にトキの野生復帰：霞ヶ浦湖岸から流域の水源地などにかけ、自然を再生。１００年後にトキを呼び戻し、野生生物との共存を目指す。

町で笑呼（ITでエコ）」と名付けた。

2011年からは茨城県牛久市上太田地区にも活動を拡大した。2014年に環境省の第1回グッドライフアワード※審査員特別賞「環境と企業」特別賞を受賞、2016年には「国連生物多様性の10年日本委員会」の連携事業に認定されるなど、社外から高く評価されている。

プロジェクトには得意のICTも活用している。牛久市では田んぼに設置したセンサーで気温や湿度などの気象データを観測し、稲の成長や集まってくる生物の調査に貢献している。また、2020年から日本酒造りの伝統技術を未来に受け継ぐため、「NEC 清酒もろみ分析クラウドサービス」を同プロジェクトのパートナーである酒蔵（石岡市）が活用している。

NECは2022年度、2つの国際イニシアティブ「SBTs for Nature」※と自然関連財務情報開示タスクフォース（TNFD）に参画した。どちらもビジネス界で影響力を持つと予想されており、NECも議論に参加して世界の潮流を先取りし、自然共生社会づくりに貢献するソリューションを探索する。

グッドライフアワード：「環境と社会によい暮らし」に関わる活動や取組みを募集して紹介、表彰するプロジェクト。2022年に10回を迎えた。

SBTs for Nature：企業や自治体が地球の限界内で行動するための科学に基づく目標。気候変動の1.5℃目標を推進したSBTの「自然」版。

担当者の声

NECサステナビリティ推進部　石本 さや香さん

２０１９年から本活動の担当を務めています。この３年を振り返ると、活動内容も社内外の反応も大きく変わりました。何より、関係するステークホルダーが増えたことが嬉しいですね。

当初は、社内の限られた人のみぞ知る生物保全活動であり、中々賛同を得られにくい部分もありました。２０２０年春にはコロナの影響で我孫子事業場が一時的に閉鎖し、その後も外部者の入場を制限する日々が続きました。四つ池の貴重な生態系はヒトの手が入ることで維持されています。この活動がなくなることで、生態系にどのような影響を及ぼすのかは未知数であり、社内関連部

門には生物が絶滅してからでは遅いことを繰り返し伝えていきました。対話を重ねたことで、コロナ対策を徹底しながら徐々に活動を再開することへつながりました。自粛期間によって振り出しに戻ってしまった点もありましたが、限られた活動人数と時間の中で、より効率的に保全を行うことにもシフトしてきたとも感じます。

四つ池では、毎回捕獲した外来生物を細かく集計しており、これらの過去から蓄積したデータをもとに、池のどの場所で何をやるのか対策を絞っています。また、データに基づいた保全活動は、状況の見える化にもつながり、社内外の方々にも理解されやすい点です。とはいえ、さまざまな生物がお互いに作用している生態系であり、日々試行錯誤しながら保全活動を行っています。

また、ここ1—2年でグローバルにおいて生物多様性が議論されていることも活動の後押しにつながっています。貴重な自然が自社の拠点にあることはとても誇らしいです し、昨年社内の環境月間イベントに合わせてゼニタナゴが泳ぐ動画を社内情報サイトに掲載したところ、想像を上回るアクセス件数となり「こんな生き物がいたの!?」「現地で見てみたい」など、好評を得られました。最近はメディアに取り上げられたり、表彰を受けたりと露出が増えたことで、社内や地元の方々からの注目も高まってきていると感じます。現在は、この場所でICTを使った実証活動を行っており、今後は生物保全に加えてビジネス展開も視野に入れて活動していきたいと思います。

3-2 パナソニック　草津拠点「共存の森」

在来種を植え工場に半世紀前の里山風景を再現

パナソニックの草津拠点（滋賀県草津市）には、840種の動植物が生息する緑地「共存の森」がある（図3・4）。従業員が2011年から整備し、半世紀前の地元に広がっていた自然風景を再現させた。

草津拠点は冷蔵庫やエアコン、燃料電池などの製造部門がある。52万㎡の広大な敷地内の一角、1万4000㎡が共存の森だ。水辺や草地、林のある緑地だが、整備前は外来植物が多く、生物多様性の質が高いとはいえなかった。

草津拠点は琵琶湖の南東に広がる瀬田丘陵に立地する。人間の生活の影響を受けながら自然が保たれてきた里山※があり、農業用ため池が多い。南側には田上山地もあり、生物の休息や繁殖の場となっている緑地も点在する。近隣には龍谷の森（龍谷大学瀬田キャンパス内）や大戸川流域の里地里山といった環境省認定の重要里地里山もある。

草津拠点の工場が操業した1969年当時は、現在よりも豊かな自然があった。パナ

里山：人の手入れによって守られている昔ながらの風景と多様な生物が共存する場所。また環境省は里地里山を「原生的な自然と都市との中間に位置し、集落とそれを取り巻く二次林、それらと混在する農地、ため池、草原などで構成される地域」とする。

図3・4　パナソニック草津拠点にある「共存の森」

ソニックくらしアプライアンス社環境管理係の中野隆弘主務は「樹林に分け入ると赤松林にハルゼミの鳴き声が響き、ヒサカキ（広葉樹）の香りが漂う。丘陵にはナシ園やカキ園がひろがり、谷あいには砂地の浅い川が流れ、小さな流れは大小のため池につながっていた」と語る。一面に広がっていた里山や果樹園は、高度成長期を迎えると工場や住宅地に変わっていったという。

それから半世紀、開発は進んでも独特の自然が残る。地域の貴重な自然を継承しようとパナソニックは2011年10月、「共存の森」の整備計画を発表した。草津拠点に豊かな緑地をつくり、周辺の緑地と空間的に接続したエコロジカル・ネットワーク※にする構想だ。

エコロジカル・ネットワーク：生物の生息地や繁殖地のつながり。森林や草地、河川、海のほか、都市部の緑地や水辺が点在しながらも緑の回廊（コリドー）で接続している空間。「生態系ネットワーク」とも呼ばれる。

580種から840種へ、いくつもの生物の共存関係形成

まず、水路を造作して水辺を拡張した。もともと草津拠点に降った雨水をためる調整池があり、水環境を活かした生態系保全に最適な場所だった。

専門家の助言を得ながら外来植物を伐採した。代わって鳥が運んできたタネが発芽した苗を育てた。草津拠点内に自生するコナラからドングリを採り、自宅で育ててから移植する「森の里親活動」に参加するボランティア社員も募った。近隣の工事で切り倒す木があれば譲り受けた。どれも、地域に古くから植生する在来種を増やすためだ。

初めの調査だと共存の森で確認できた動植物は580種だった。外来種の伐採によって一時的に減少したが、2016年には840種まで回復した。草津拠点全体でも955種を確認できた（図3・5）。どちらの数も草津市で確認された動植物の3割に当たり、面積当たりの種数が多く、生物多様性の豊かな場となった（「草津市の自然2014」で確認された種数での割合）。

哺乳類に限ると草津市に生息する7割の種が共存の森で見つかっており、宅地開発が進む市内においても重要なビオトープ※（生物生息空間）となっている（図3・6、3・7）。

希少種も確認できた。カヤネズミ（草の葉で巣をつくる）、ササゴイ（翼がササの葉のように見える鳥類）、オオキンカメムシ（赤い体の昆虫、詳細な生態は不明）などは

ビオトープ：失われた生態系を復元し、本来その地域に生息する野生生物のために整備された環境・空間。

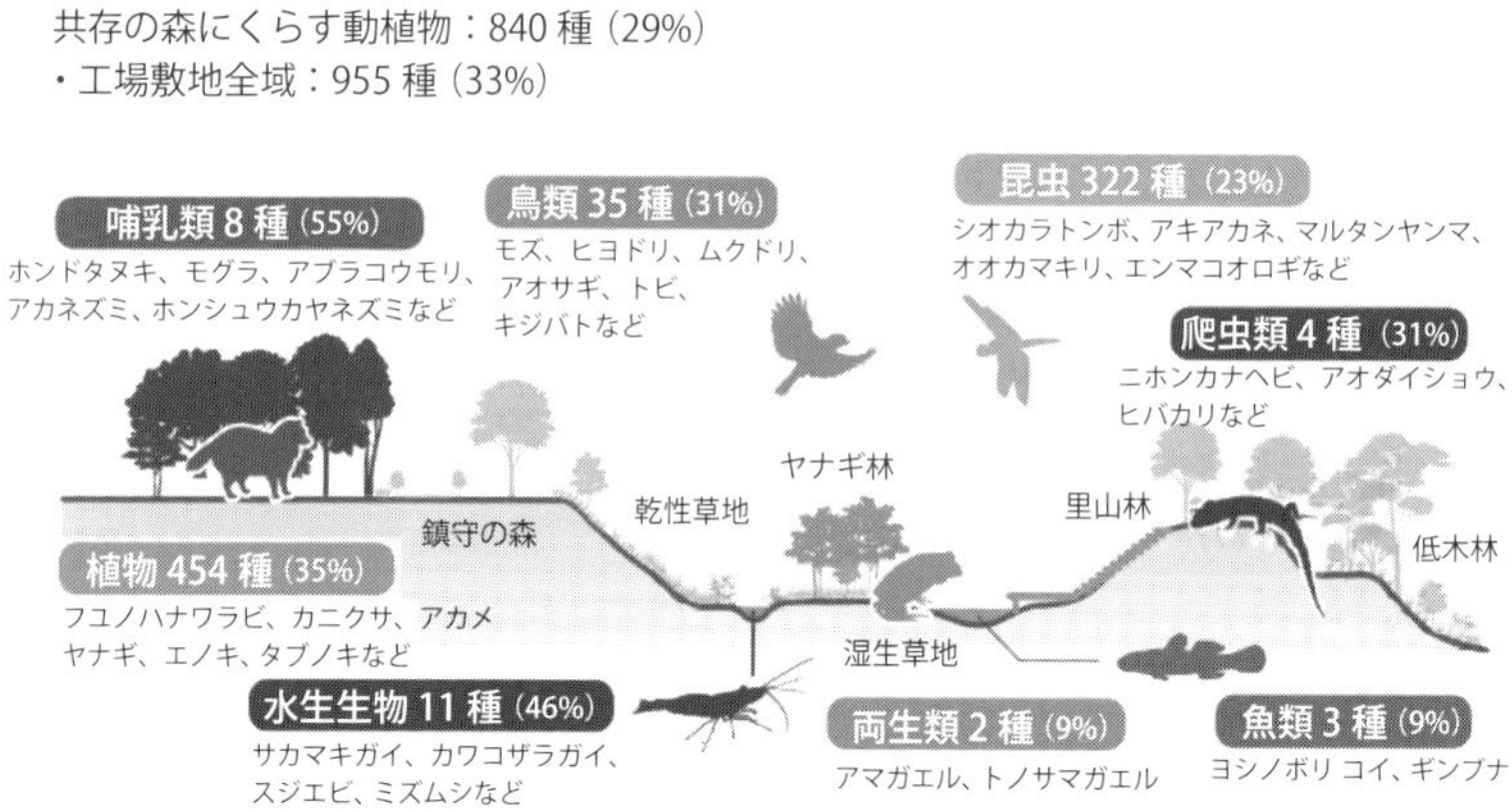

※（　）内の数字は、「草津市の自然2014」で確認された種数に対する割合

図3・5　共存の森での動植物

レッドデータブック記載の生物だ。

またハイタカ（鳥類、環境省の準絶滅危惧種）が越冬期、エサを探しに飛来する。共存の森に形成された生態系の頂点に立つ生物だ。他にもキツネやアオダイショウ、ハヤブサも共存の森の生態系の頂点に位置付けられる。

鳥類は生物多様性の質を評価する指標となる。鳥類のエサとなる昆虫が生息し、その昆虫が育つ植物も育っている証明となるからだ。

共存の森の草地ではチガヤとヒヨドリバナといった植物が昆虫の生息場所となっており、その昆虫を食べるモズの姿が見られる。樹林ではエノキやタブノキの実はヒヨドリが、アラカシの実はアカネズミが食べ、タネを運ぶ共生関係が成り立っている。

図3・6　希少種であるニュウナイスズメ

図3・7　ギンヤンマの産卵風景

中野主務は「エサを探しにやって来る種も多く、いくつもの食物連鎖が構成されて生物の共存関係ができている」と良好な生態系を解説する。

2015年の調査では植物282種のうち動物散布[※]が4割の106種と多かった。鳥類や動物が共存の森にやって来ている証拠だ。共存の森で果実を食べた鳥類が周辺の緑地にタネを運んで散布することも考えられ、地域のエコロジカル・ネットワークの形成に貢献している。

通常、事業所の植栽は手入れの簡単さや見た目を考え、常緑樹が選ばれやすい。共存の森は落ち葉や枯れ草を放置する。整備で切った木や枝は、細かく砕いてチップにして敷地にまく。生物のすみかやエサにするためだ。生態系が保たれるだけでなく「外部に処理を依頼する費用もかからない」(中野主務)とコストとの両立もできている。

次々と評価高まる「工場里山」

共存の森は生物多様性の豊かさが認められ、いきもの共生事業推進協議会(ABINC、事務局＝MS&ADインターリスク総研)の「ABINC認証[※]」やABINC賞の優秀賞(第2回、2019年)、滋賀県の「しが生物多様性認証制度」で「三つ星」を獲得した。中野主務は「あえて難しいことをせず、シンプルに取り組んだ」と振り返る。

この森は現在では施工開始前の目論見通りに生長し、管理も最小限に抑えられてい

動物散布：果実が動物に食べられタネがフンとともに排出されるパターン、毛や皮膚に付着して運ばれるパターン、食料として運ばれ貯蔵されるパターンがある。

ABINC認証：JBIB(企業と生物多様性イニシアティブ)が開発したガイドラインや土地利用通信簿に沿って審査して認証する。

る。この水準まで到達できたのは滋賀県内の社外協力者に依るところが大きい。

三東工業社は将来の生長も織り込んだ森の造成工事からチップ化した外来樹種の遊歩道への散布による土壌環境の向上など、施工のみに留まらず森全体の質向上まで、大きく貢献した。また、生物多様性コンサルタントのラーゴは専門的なモニタリングによる動植物の識別・同定、また希少種の確認や調査レポートの作成に至るまで、そのデータ蓄積が共存の森における生物多様性推移の把握と管理手法の確立を可能とするなど、同社所在エリアにおける里地里山モデルの実現に対して多大な寄与を果たしている。

整備された工場緑地は、環境保全に取り組む企業姿勢を地域に伝えやすい。近隣の小学校に環境学習を提供しており、同社サステナビリティ推進係で次世代育成支援を担当する椙山和紀係長は「親に『あの森の秘密を知っているよ』と自慢する子どももいる」と話す。地元出身の中野主務も「1970年代ごろの原風景」と誇らしげに語る。

共存の森は外来種の繁茂を防ぎ、在来種を定着させることで地域に溶け込む緑地となった。工場内で人の手が入りながら自然が保たれることから〝工場里山〟と呼べそうだ。

共存の森は2022年9月、環境省が生物多様性の質の高い緑地を認定する「自然共生サイト」制度の試行事業で、「認定相当」の評価を受け、2023年4月の制度スタートに合わせて正式に申請書を提出。同年8月には結果が通知される予定だ。国からの評価は、従業員にとって保全のモチベーションになり、地域の住民からも喜ばれる。

草津拠点はＥＳＧモデル工場

パナソニックグループは２０２２年、環境ビジョン「Panasonic GREEN IMPACT（ＰＧＩ）※」を公表し、「より良いくらし」と「持続可能な地球環境」の両立に向けて活動を始めた。

２０２４年度までの環境行動計画「グリーンインパクトプラン２０２４」では、「ネイチャーポジティブをめざして事業活動が生態系に与える影響を低減・回復する」ことを目標とし、事業活動との一体化を意識した生物多様性保全を推進中だ。

パナソニックグループにとって草津拠点はＥＳＧを象徴する工場でもある。共存の森だけでなく、再生可能エネルギー１００％での操業に向けた実証施設もあるからだ。

実証施設は、草津拠点内の家庭用燃料電池「エネファーム」製造工場。設備は太陽電池（５７０kW）、蓄電池（１１００kWh）、水素タンク（貯蔵７８０００Ｌ）、純水素型燃料電池（１台５kW×99台）の構成。燃料電池工場は、太陽電池と純水素型燃料電池が発電した電気を操業に使う。太陽電池の電気は蓄電池にも充電し、電気の使用状況に応じて工場に供給する。純水素型燃料電池の燃料である水素を再生エネで製造した「グリーン水素」に置き換えると、再生エネ１００％電気での工場運営ができる。実証施設は「H2 KIBOU FIELD」と名付け、２０２２年4月から運用を始めた。

ＰＧＩ：自社の事業に伴うCO_2排出量の削減と、社会におけるCO_2排出量の削減に対する貢献。２０３０年までに自社の事業に伴うCO_2排出量を実質ゼロに、また２０５０年に向けて現在の世界のCO_2総排出量の約１％に相当する３億トンの削減インパクトを目指す。

担当者の声

パナソニックくらしアプライアンス社　人事センター 総務部 施設環境課 環境管理係
中野 隆弘さん

パナソニック草津拠点では、２０１１年より地域の生態系に貢献する工場緑地の保全・管理を行っています。保全にあたっては、「普通種と呼ばれる生きものが、普通にいられる環境」を目指し、工場の環境施設（排水管理、洪水防止施設）区域にその機能を維持しつつ、保全エリアとして地域の生態系に貢献する工場緑地となるよう取り組みを進めてきました。具体的には地域の里山林の環境をモデルとし、緑地内で発芽した実生苗を利用するなどの工夫で、身近な生きものが将来にわたって生育、生息できる環境の創出を目指しました。

２０２１年に実施した動物調査では日常的に緑地を利用しているキツネ、タヌキ、イタチに加え、２０１１年の調査では確認できなかったテン、アナグマ、ノウサギの利用も確認することができました。管理にあたっては、サッカーコート2面分（1万４０００㎡）の保全エリアを人の利用と野生生物の利用別にゾーニングし管理することで、人と野生生物との距離を保つとともに、常緑樹林、落葉広葉樹林、草地、水辺といった環境を連結することで緑地の多様性を高める工夫を行っています。

また、管理においては持続可能な環境の維持と管理を念頭に、人の利用による二次的環境である里地里山林と人のかかわりに着目し、草刈りと自然循環を軸としたシンプルな管理を実践しています。取り組みを通して得た気付きを小学生向け環境学習プログラムにまとめ展開する活動も行っており、これまでに約６０００人に受講いただいています。

3-3 MS&ADグループ

地方の自然再生

MS&ADインシュアランスグループホールディングス（MS&ADグループ）は2022年度、「MS&ADグリーンアースプロジェクト」を始動した。地域の自然再生活動に参加することで、自然が持つ防災・減災機能や脱炭素への役割を知る。各地で起きている問題を理解し、地方創生に結び付く自然共生を探るプロジェクトだ。

MS&ADグループは三井住友海上火災保険、あいおいニッセイ同和損害保険などを傘下に持つ保険会社グループ。MS&ADグリーンアースプロジェクト（以下、グリーンアースプロジェクト）は、グループ社員とその家族などが各地の団体と連携し、地域の環境保全・再生活動に参加する。すでに開始している熊本県の球磨川流域、宮城県南三陸町に加えて、2023年度には千葉県の印旛沼周辺も加えた3カ所が活動場所となる。

社員が森林整備や植樹を体験し、自然に触れ合う活動は珍しくないが、グリーンアースプロジェクトは単なるボランティアや社会貢献では終わらない。社員が長期的視点に立ったCSV※の発想を養うことが目的の1つだ。

CSVは「共有価値の創造」と訳され、企業が社会課題を解決して社会的価値を生み出し、経済的価値も創造することを意味する。MS&ADグループは2018年にスタートした中期経営計画からCSVに力を入れ、本業で社会課題を解決する考え方が社内に浸透した。

地方の自然再生にCSV長期テーマのヒント

グリーンアースプロジェクトを担当するサステナビリティ推進部課長の浦嶋裕子さんは「社内でCSVは定着し、新商品の開発にもつながっている。しかし、社会課題は短期で解決できるものばかりではない。長期的なレンジで保険会社として考えていくテーマもある」と語る。目の前の課題を解決する保険商品なら現時点の市場ニーズと合致しており、すぐに利益を生み出すのでCSVが成立する。

一方で将来、リスクが顕在化する長期的な課題となると、今すぐに商品が売れる保証はなく、企業側も対応は後回しになりがちだ。グリーンアースプロジェクトは将来に視点を向けさせ、長期でのCSVを考える場だ。

※CSV：Creating Shared Value。経済学者のマイケル・ポーター教授が提唱した概念。2011年に発表した論文で広く知られるようになった。

そして長期的テーマは特に地方にある。「気候変動の影響による自然災害の増加は〝現在〟の事象だが、違う時間軸でとらえると他の変化も進行している。地方に出かけると日本の地域で何が起き、どの産業に異変が生じ、地域の人が何に困っているのかがよく分かる。耳にする気候変動や生物多様性、自然資本の問題が相互に影響しながら表出している」（浦嶋さん）。

まさに、長期的なレンジ（違う時間軸）で自然環境に変化が起きている。天候不順は不作、生態系の変化は不漁を招くなど、気候変動や生物多様性の問題は農業や漁業、林業などの一次産業に影響を与えている。

その一次産業は担い手不足も深刻だ。一次産業で働く人が減ると森林や農地は荒廃し、さらに生物多様性や自然資本の損失が進む。また、地方は一次産業従事者が多く、地域経済へのダメージが大きい。最近では気候変動による自然災害が多発し、地方ほど大きな被害を受けるようになった。「いろいろな社会課題が気候変動と自然に紐づいており、第一次産業が関わっている。気候変動対策や生物多様性の保全・再生は地方創生[※]と親和性がある。私たちが取り組もうとしている自然再生も、日本の地方創生につながる」（同）と説得力を持って語る。

地方ほど切実で緊急性の高い課題を抱えている。「社員ボランティアは汗を流し、その地域の気候変動や生物多様性の課題をどういうロードマップで解決し、どういう地域にしていきたいのか、学んでほしい」と期待する。

地方創生：2014年9月発足の第2次安倍晋三改造内閣が、地方の人口減少や東京一極集中の是正を目指す「地方創生」を打ち出した。

熊本・球磨川の緑の流域治水プロジェクト

グリーンアースプロジェクトの第1弾が、熊本県の球磨川流域での「緑の流域治水プロジェクト」だ。2022年9月27日に発表した。

球磨川といえば、2020年7月の「令和2年7月豪雨」による被害の記憶が新しい。梅雨前線が停滞し、九州は4日から7日にかけて記録的な大雨となった。日本三大急流※の1つである球磨川は各地で氾濫し、あふれた水が堤防を越え、家屋の倒壊や土砂災害によって多くの人命が失われた。

熊本県は住民に治水や復興への想いを聞き、導き出したのが「緑の流域治水」だった。県のホームページには、「『命と清流をともに守る』ことこそが全ての流域住民の皆様の心からの願いであると受け止め、その願いに応える唯一の答えが、自然環境との共生を図りながら、流域全体の総合力で安全・安心を実現する『緑の流域治水』であると確信しました。」と決意表明がある。

流域治水とは文字通り、河川が流れる地域全体での治水対策だ。「緑」と付いているのは、環境的な視点を組み込んだためだ。ダムや堤防によるハードだけに頼らず、山地や水田、畑など二次的な自然の機能も活用する。

熊本県立大学を代表とした機関が「緑の流域治水」を推進する研究プロジェクト「流域治水を核とした復興を起点とする持続社会」※を推進している。荒廃山地回復、のり面

日本三大急流：山梨・静岡県の富士川、山形県の最上川、熊本県の球磨川。

流域治水を核とした復興を起点とする持続社会：熊本県立大学が代表、熊本県が幹事自治体、肥後銀行が幹事機関となって2021年、科学技術振興機構（JST）の共創の場形成支援プログラム・地域共創分野に採択された。

緑化、自然再生、田んぼダムといった「緑」のほか、透水型護岸やグラウンド、公共施設、住宅の雨庭なども活用した雨水の流出抑制を研究する。

荒廃した山地では木々が密集し、１本ずつの幹が細くなる。土壌の保水力は低下し、雨水が斜面を一気に流れて土砂崩れを引き起こす。休耕田や耕作放棄地も雨水をとどめる力が弱まり、豪雨となると雨水が一気に河川へ流入し、氾濫リスクが高まる。逆に山地の樹木が適切に伐採され、農地も利用されていると雨水の流入が緩やかになり、治水につながる。

グリーンアースプロジェクトは、熊本県立大学などのプロジェクトと連携している。球磨川流域の上流部に位置する湿地とその周辺地を活動場所とし、放棄された田や迫《さこ》（山あいの小さな谷）などの湿地環境の保全・再生による生物多様性の回復、雨水貯留効果の向上による流域の洪水緩和を目指す。さらに湿地のＯＥＣＭ※登録を検討し、多様なパートナーシップが継続して自然環境を保全できる仕組み・体制を構築する。活動に当たっては熊本県立大学の島谷幸宏特別教授、一柳英隆氏、熊本大学の皆川朋子准教授ら研究者と協働する。

２０２３年２月、グリーンアースプロジェクトに参加したＭＳ＆ＡＤグループの社員は、熊本県相良村の湿地整備を体験した（**図3・8**）。現地の方から指導を受け、湿地に日が差し込むように周辺の木や竹を伐採して撤去し、植物や絶滅危惧種のハッチョウトンボなどの生息環境を保全した。今後は、その竹を炭化して農地の土壌改良材に活用する。

OECM登録：里地里山など、保護地域以外の生物多様性保全に貢献している場所を、環境省が登録・認定する制度。

図3・8　アースグリーンプロジェクトではMS&ADグループの社員が湿地を整備

相良村の特産物である茶畑も見学した。茶畑のある台地に雨水をより浸透させる方法を模索している。台地の浸透力を高めれば、雨水の急激な流出を防ぐことができ、湿地からの湧水も増えて湿地の生態系にもプラスとなる。こうした統合的な取り組みが「緑の流域治水」だ。

海の生態系向上、宮城県南三陸町「いのちめぐるまちプロジェクト」

グリーンアースプロジェクトの第2弾は宮城県南三陸町での「いのちめぐるまちプロジェクト」。海の生物多様性を支える藻場再生を目指す。

活動場所は宮城県南三陸町志津川湾の干潟や沿岸域など（図3・9）。志津川湾はラムサール※条約の登録湿地であ

ラムサール条約：湿地に関する条約。「特に水鳥の生息地として国際的に重要な湿地に関する条約」の通称。1971年にイラン・ラムサールで開催された国際会議で採択。

図3・9　藻場再生を支援する南三陸町の松原干潟

り、自然と共生した漁業が行われている。持続可能な養殖場の証であるASC[※]認証を日本で初めて取得し、陸域では生態系や人権に配慮した林業におけるFSC[※]認証も取得している。

だが、2011年の東日本大震災による津波被害や海藻が茂らなくなる「磯焼け[※]」の発生により藻場が減少している。藻場は魚の産卵場や稚魚の成育、酸素供給、水質浄化など、海の生物多様性を保つ重要な役割がある。

MS&ADグループの社員は、南三陸町の自然環境活用センターや一般社団法人「サステナビリティセンター」の指導を受け、海藻のアマモを植え付ける計画だ。また、東北大学とも連携して「環境DNA技術」を活用し、藻場の再生で海の生物多様性がどのように変化するかの

ASC認証： Aquaculture Stewardship Council＝水産養殖管理協議会の認証制度。MSC（Marine Stewardship Council＝海洋管理協議会）の認証制度とともに「海のエコラベル」と呼ばれる。

FSC認証： Forest Steward ship Council＝森林管理協議会による認証制度。

磯焼け： 海藻が減少し、繁茂しなくなる現象。河川水や砂泥の大量流入、ウニなどによる食害、水質悪化による光合成不足などが原因とされている。

調査も進めていく。

活動の成果として、ジャパンエコノミー技術研究組合が運営する「Jブルークレジット認証」を活用して海藻が水中から吸収したブルーカーボン※をクレジット化する。自然資本の調査や子どもの教育にクレジットを活用する予定だ。

森林整備も予定している。「森は海の恋人」と呼ばれるように、森は海藻やプランクトンの栄養素となるフルボ酸鉄を供給しており、森林の整備も海の環境にとって重要だ。活動で間伐した枝などは球磨川のプロジェクトと同じように、炭にする。木材や竹は炭にすると「バイオ炭※」と呼ばれ、土壌に入れると炭素を貯蔵するためブルーカーボンと同様、地球温暖化対策の吸収源となる。

バイオ炭は国の「J–クレジット制度※」でクレジットとして販売できる。クレジット販売が経済的インセンティブとなれば、森林整備がボランティアではなくなり、収入を得る手段となる。

ただし、JブルークレジットやJ–クレジットとも思ったように売れなかったり、価格が安かったりすれば、藻場再生や森林整備は参加者の意欲頼みになる。「経済合理性がないのであれば、どこで利益を出すか考えることも学びの1つ。ボランティアをボランティアで終わらせず、地域が持続的に回る仕組みを考えたい」(浦嶋さん)。

グリーンアースプロジェクトの第三弾は、千葉県北部の印旛沼周辺を予定する。印旛沼は2つの沼で形成されており、流域面積は約541㎢で、千葉県の面積の約10%に相

ブルーカーボン：海洋生態系に取り込まれた炭素。大気中への炭素の放出を防ぎ、地球温暖化対策の吸収源となる。

バイオ炭：木炭や竹炭など。木は間伐したまま放置すると微生物に分解され、炭素がCO_2として大気中に放出される。燃やしてもCO_2となるが、炭にすると炭素貯留できる。

J–クレジット制度：CO_2削減・吸収量を取引可能なクレジットにする制度。再生可能エネルギー発電の活用や省エネルギー設備への更新、森林整備などで削減・吸収したCO_2が対象。クレジット購入企業は自社の排出削減量に加えられる。

当する。流域人口約76万人は、県総人口の約12％を占めている（印旛沼流域水循環健全化会議HP「いんばぬま情報広場」から）。

印旛沼も治水の課題を抱える。台地に降り注いだ雨が地下に浸透し、谷津の先端から湧き出て田んぼに入り、印旛沼に到達する。だが、開発によって台地はアスファルトで覆われ、谷津も埋め立てが進んで林地が減り、休耕田も増えて雨水を貯留する能力が落ちている。球磨川での活動と同様、台地の緑地整備や谷津の湿地保全を検討している。

3地域でのグリーンアースプロジェクトで、社員は多くを学べそうだ。人の手が入ることで自然が保たれてきたことが分かる。水の循環を知って山や湿地、農地、住宅地、河川、海のつながりを理解できる。そして、自然再生を経済価値に変換することが課題だと気付く。この課題にどのような答えを出すのか、活動成果が楽しみだ。

都内屈指の屋上緑化、三井住友海上の本社

MS＆ADグループの三井住友海上火災保険の本社がある駿河台ビル・駿河台新館（東京都千代田区）の敷地は、豊かな緑に覆われている（図3・10）。1984年に竣工した駿河台ビルの緑地面積は地上部が3037㎡、3階屋上が2481㎡。緑化面積率は46％なので、敷地の半分は緑地だ。開業当時、都内屈指の緑化率であり、緑地を持つ事業所の草分け的な存在だったと思われる。

図3・10　敷地の半分は緑地である三井住友海上火災保険・本社

屋上緑化※の土壌の厚さは平均1m。現在は屋上緑化用に軽量土壌があるが、駿河台ビルには通常の土が使われており、低層階は頑丈な構造だ。

大量の土壌は雨水を蓄える能力があり、屋上には植物に水を与える灌漑《かんがい》設備がない。その土は軟らかく、内部には細かいすき間が多い。余剰な水を排出する仕組みを備えているため水ハケもよく、植物の根が腐らない。雨水は地下の貯水槽（容量は3500㎥）にため、トイレなどに中水利用※している。また、大雨の前には貯水槽の水を抜いておき、大量の雨水を受け止める準備をしておく。大量の雨水がそのまま下水道に流れ込んで容量を超えてあふれ、道路にオーバーフローする都市型洪水を防ぐためだ。

屋上緑化：屋上に排水層や防根シートを敷設し、軽量土壌などで植物を植栽。断熱作用などによる屋内温度の上昇抑制、ヒートアイランドの抑制など効果が期待されている。

中水利用：排水を処理して雑用水に利用するシステム。トイレ洗浄水、散水用水、消火用水などに使われる。

歴史ある屋上緑化は改修も重ねている。2001年、木々の健全な成長を促すため、繁茂した常緑樹を一部減らして光と風を通りやすくし、全面的な農薬散布を中止した。その後、鳥や昆虫が多く見られるようになった。2012年の改修工事では、さらに生物多様性に配慮した庭園にした。落葉樹や果樹を植え、野鳥が水浴びをするバードバスを設置。野菜をつくれる屋上菜園もあり、地域の人にも貸し出している。

屋上緑化の植物はヤマモモ、ヤマモミジ、エゴノキなど100種。四季折々の花が咲き、実もなる。社員はもちろん、地域の方も都市にいながら季節の変化を感じ取れる。また、物理学者・ニュートンの生家にあったリンゴの木のクローン※（複製）も育っており、自然の営みが科学に偉大な功績を与えた逸話を思い出させる。

屋上庭園では毎月、法政大学と協力して地域の人とバードウォッチングもしている。バードバスに設置したカメラのデータ分析を法政大学へ依頼し、飛来する野鳥のモニタリング調査と同時に研究にも役立ててもらっている。

2022年9月には駿河台ビル・新館の緑地が、環境省が生物多様性の質の高い緑地を認定する「自然共生サイト」制度の試行事業で「認定相当」に選ばれた。

緑地管理のノウハウを活かして三井住友海上火災保険とMS&ADインターリスク総研は、自然資本・生物多様性に配慮した企業緑地への取り組みを支援する「企業緑地支援パッケージ」の提供を始めた。緑地に関連する「よろず相談」から生物多様性ポテンシャル評価、コンサルティング、保険サービスで支援する。

ニュートンのリンゴの木のクローン：接ぎ木により世界各国へ分譲され、その一部が東京大学小石川植物園に植えられている。この一枝を日本製紙がクローン再生し、各地に寄贈（三井広報委員会より）。

担当者の声

MS&ADグループ　サステナビリティ推進部 課長　浦嶋 裕子さん

熊本県の「緑の流域治水」プロジェクトは4つあるターゲットの1つに「若者が残り集う地域」を掲げています。そして5つの研究課題の1つに『緑の流域治水』と連動したサステイナブルな産業創生」があります。治水対策が整ったとしても地域に産業がなければ人口減少に歯止めがかかりません。安心安全を追求するだけでなく、若者が働ける場をつくることが、地域にとって切実な課題なのです。

私たちが現地に行くと熊本県立大学はじめ地元自治体の首長や職員、住民が迎えてくれます。その姿を見ると、地域のつながりの強さを感じます。私たちが入っていき外からの風が吹くことで地元が今まで以上に活気づき、地元の多様なステークホルダーの連携が加速していると感じます。地元と外部の企業が協働して、地域の防災減災やサステナブルな産業創生といった社会課題の解決モデルをつくれないかと模索しています。

また、3つの地域に共通した想いですが、地域でも自然再生と経済的利益を創出する仕組みを考えねばならないと思います。私たちの活動だけでは解決できませんが、我々が地域内外で解決の輪が広がるレバレッジの役割になれればいいですね。

MS&ADグループの社員には「自然とリスク」について考えるきっかけにしてほし

いです。自然災害リスクをゼロにしようとすべてをコンクリートで固めると、人類は生態系サービスを受けられなくなります。自然から都合よく恵みだけを得ることはできません。気候変動により自然災害が甚大化する現在、ネイチャーポジティブに取り組んでいくためには、自然の恵みとリスクをどのように管理するかが重要になってきます。リスクの低減だけが〝解〟ではないなか、リスクにどう対処するか。リスクとの付き合い方には新たな知恵が求められています。

3-4 キヤノン

事業所を野鳥が暮らしやすい環境に。情報発信で生物多様性を身近に

キヤノンは鳥をテーマとした生物多様性保全活動に取り組んでいる。鳥は自然の豊かさのバロメーターであり、事業所に鳥が暮らしやすい環境をつくってネイチャーポジティブに貢献する。鳥に関連した情報発信によっても生物多様性を育む社会づくりに貢献する。

活動の名称は「CANON BIRD BRANCH PROJECT（キヤノンバードブランチプロジェクト）」。プロジェクトを紹介するウェブサイトで次のように狙いを伝えている。「鳥は植物、虫、小動物など、地域の生態系ピラミッドの上位に位置する『生命の循環』のシンボルです。バードブランチプロジェクトは鳥をテーマとした取り組みを通じ、『生命の循環』について皆さまとともに考えるプロジェクトです。」

サステナビリティ推進本部の天野真一さん（社会文化担当主幹）は、鳥を活動テーマ

に設定した3つの理由を説明する。

①鳥を知ると、地域の生態系バランスが分かる

②鳥とキヤノンの製品に親和性がある

③鳥は世界中で観察でき、世界共通のテーマとなる

①についていえば、鳥がやって来る緑地にはエサとなる虫がいて、虫が成長する植物も生息するので生態系バランスが整っている。多くの野鳥が生息するほど多様な環境があって、自然が良好だと分かる。

②で述べている製品とは、鳥の撮影に欠かせないカメラだ。撮影した画像を見た人も、必死に生きる鳥の姿に心が動かされて自然環境への関心を持つようになる。③も明快だ。鳥はどこでも観察できるので、世界各地のキヤノングループの拠点が活動に参加できる。

さらに加えると、キヤノンの社章は「ワシ」がモチーフ。目がいいワシは上空からでも地上の獲物を発見する能力があり、被写体を捕らえるカメラに通じる。ワシが飛び立つ姿も世界に羽ばたくキヤノン製品と重なる。また、ラグビーの「リーグワン」に所属するチーム名も「横浜キヤノンイーグルス」だ。

本社に1000本の樹木、巣箱やバードバス設置

さまざまな面でキヤノンと関係が深い鳥をテーマとしたバードブランチプロジェクトの活動の1つが、事業所に鳥が暮らしやすい環境を整えること。職場での活動は社員が生物多様性を身近に感じるきっかけになる。

東京都大田区下丸子のキヤノン本社でも活動を展開する。都内にある企業の敷地とは思えないほど広い緑地帯には約80種、1000本近い樹木があり、地名にちなんで「下丸子の森」と呼ばれる（**図3・11**）。その森に野鳥が水を飲んだり浴びたりできるバードバスを設置し、木には巣箱をかけている。都会では野鳥が巣をつくれる樹洞（すき間）のある大木や老木が減少しており、巣箱が代替となる（**図3・12**）。

2014年の活動開始以来、日本野鳥の会※の監修のもと毎月、野鳥調査を実施している。スポットセンサス手法※で種類や数、雌雄、鳴き声などを記録しており、2022年までに38種の野鳥を確認した（**図3・13、3・14、3・15**）。シジュウカラやハクセキレイ、メジロなど年間を通じて生息する種のほか、夏鳥のツバメ、冬鳥のアトリも確認された。**図3・16**のように、本来の生息地である海岸から都市部にも進出したイソヒヨドリも頻繁に目撃されており、希少種のハヤブサ（環境省の絶滅危惧II類）も訪れる。また、カルガモが産卵・子育てをする様子も毎年確認されており、2022年には5羽のヒナが誕生し、敷地内の水辺で遊ぶ姿が見られた（**図3・17**）。

日本野鳥の会：野鳥や自然に親しむ人々を増やすための普及事業を展開する公益財団法人。会のHPによれば1934年（昭和9年）に創立した日本で最古にして最大の自然保護団体。

スポットセンサス手法：決められたルート、一定間隔ごとの定点で個体数記録を繰り返す手法。

図3・11　キヤノン本社にある下丸子の森

図3・12　巣箱に出入りする野鳥

図3・13　オナガ

図3・14　コゲラ

図3・15　エナガ

図3・16　イソヒヨドリも訪れる

図3・17　カルガモが敷地内で産卵。ヒナの子育ても行う

職場の近くで羽を休める野鳥は、社員に癒しを与える。休憩時間、下丸子の森で双眼鏡やカメラを手にとって野鳥を観察する社員の姿が日常の光景となった。

鳥も事業所も、巣箱に個性

巣箱は木にかけると触らないのが基本ルールだ。春から夏にかけてメス鳥が中に入って子どもを産む。秋から冬は鳥が使わないので社員が降ろして清掃する。空き家になった隙を見計らって、大きなクモなどの昆虫が入っている。「それだけ住み心地がいい」(天野さん)と太鼓判を押す。

その巣箱には巣が残されている(図3・18)。サステナビリティ推進本部の岩崎由理さんは「野鳥によって巣材(巣の材料)が違えば、作り方も違う。スズメは藁《わら》のような枯草などを丸めて作る。何度見ても感動する」と目を細める。

本社以外の事業所も敷地に巣箱を設置している。本社と川崎事業所(川崎市幸区)は巣材に共通性があり、どちらもシジュウカラが巣箱を使っていたと推測できる。そのシジュウカラはコケを置いて小枝を敷き詰めて綿を載せる。綿が卵を置く「産座」になる。動物の毛や羽根が産座に使われる。

事業所が鳥の繁殖地になるには、敷地や周辺に巣材がそろっている必要があると言えそうだ。生まれたヒナ鳥が食べるエサも大切だ。親鳥はエサを探しに飛び立ち、1日に

図3・18　巣箱の中にある枝葉のベッド

何度も巣箱まで運ぶ。キヤノンの事業所は繁殖地となる条件が整っているようだ。

それぞれの事業所で工夫を凝らした活動もあり、取手事業所（茨城県取手市）は巣箱コンテストを開催している。社員が手作りした巣箱を並べ、社員投票で優秀作を決める。川崎事業所は野鳥観察MAPを制作し、大分キヤノン（大分県国東市）はキジの放鳥、大分キヤノンマテリアル（大分県杵築市）はフォトコンテストを開いている。

海外でも巣箱を設置する事業所が増えている。巣箱を取り付ける場所がない販売会社も鳥をテーマに活動しており、キヤノンマーケティングジャパンは〝鳥を愛する人たちのお祭り〟

「ジャパンバードフェスティバル」に出展するほか、YouTubeで野鳥撮影マナーを配信して啓発している。タイ販社は渡り鳥の保護活動への社員参加、スペイン販社もイベントに協賛している。

バードブランチプロジェクトは国内32拠点、海外25拠点、合計57拠点が参加している(2023年4月30日現在)。

なぜ飛べる？ 野鳥の情報満載、ウェブサイトを開設

情報発信もバードブランチプロジェクトのもう1つの重要な活動だ。鳥をテーマとしたウェブサイト「バードブランチプロジェクト」※を開設し、野鳥写真図鑑やバードコラムなど、内容を充実させている。

野鳥写真図鑑には63種が掲載されている(2023年4月30日時点)。写真はもちろん体形や色の特徴、生態、主食の解説にとどまらず、野鳥にまつわるエピソードも紹介されている。例えばアオサギの解説では古代、新郎から新婦にアオサギの羽を送る習わしがあったことが書かれており、読んでいると興味がわく。

「鳴き声」をクリックすると、録音した鳴き声を聞くことができる。写真を見ながら鳴き声を再生すれば、野鳥観察をしているような臨場感がある。

撮影時のカメラ設定の記載もあり、キヤノンらしさが表れている。野鳥の写真ごとに

※**バードブランチプロジェクト**：「CANON Global」サイトの「サステナビリティ」に掲載(https://global.canon/ja/environment/bird-branch/index.html)。

絞りやシャッタースピード、焦点距離などが報告されており、野鳥写真図鑑を閲覧した人も撮影の参考となりそうだ。「野鳥の撮りかた」のコーナーもある。入門、中級、実践の3つ講座があり、入門講座はカメラの機能やレンズの解説、素早く動く野鳥をフレームに収めるコツなど、順を追って丁寧に教えてくれる。

「バードブランチプロジェクト」サイトは2021年、200万強のPV（ページビュー）があった。メディアで紹介された効果で前年の2倍以上に急上昇した。愛鳥家にとどまらず一般の人にも愛読者が増え、2022年も200万に迫るPVだった。

2022年のPVランキング・トップ10位は野鳥写真図鑑のコンテンツが大部分を占め、その他にもキッズコラム、トリノートがランクインした。

岩崎さんによると、PVはテレビの影響を受ける傾向があるという。「クイズ番組で鳥をテーマとした出題があると、関連する鳥へのアクセスが増える。鳥の番組でなくても『おしどり夫婦』が話題となって『オシドリ』のPVが増えたこともある」という。誰でも気軽に野鳥を知ることができるサイトとなった証拠だ。

海外だと違う反応もある。2022年の英語版のPVランキング1位はキッズコラム「鳥はなぜ飛べるの?」だった。天野さんは「子ども向けだが、私たち大人が読んでも面白い内容。『なぜ飛べるのか』という根源的な疑問をインターネットで検索し、サイトを見つけたのだろう」と推測する。

Twitterでも情報を発信している。敷地で撮影した野鳥の写真とコメントを週に2—3回、更新している。2023年1月27日の投稿では、本社の建物にあるネオンサインにハヤブサがとまっていると、近くを飛んで来たハトの驚いた様子（!?）が報告されており、ほっこりと癒やされる。

昼休みに、撮影に協力してくれる社員ボランティアとプロジェクトメンバーが一緒に鳥を探しに敷地を回って投稿している。Twitterのフォロワー数は1000人を超えた。

YouTubeの「Canon Channel」にも、野鳥観察動画が5本公開中だ（2023年4月30日現在）。いずれも日本野鳥の会の安西英明さんが本社の敷地をめぐり、見つけた野鳥を解説する内容。再生回数が1万回を超えた「ハクセキレイ」の動画は、群れないで行動する理由を教えてくれる。聞くと思わず納得し、安西さんの解説に引き込まれていく。

バードブランチプロジェクトのビジュアルアイデンティティはデザイン部門が統括している。ロゴや配色、サイト、ポスターなどの制作物に統一されたイメージを使うことで、言葉や文化にかかわらずビジョンを共有できる。デザインの力でも世界中の人々に生物多様性の大切さを伝えている。

モニタリング調査にも貢献

キヤノンはグループの生物多様性方針に「生物多様性を育む社会づくりへの貢献」を掲げている。サイトを通じた情報発信は、鳥をテーマに生物多様性を考えるきっかけを一般の人にも与えており、生物多様性を育む社会づくりに貢献している。

また、基本方針には「事業所を中心とした生物多様性への配慮」も掲げており、事業所に巣箱などを置いて野鳥が暮らしやすい環境を整える活動が該当する。

事業所での活動は広がっており、2022年から国立環境研究所（国環研）の「市民調査員と連携した生物季節モニタリング」※に参加している。国内12拠点の社員が調査員となり、対象の動植物の「初鳴日」「初見日」「開花日」を記録して報告している。国環研は気候変動をはじめとする環境変化が動植物に与える影響を評価する基礎データにする。

また2023年1月には「下丸子の森」が、環境省が生物多様性の質の高い緑地を認定する「自然共生サイト」制度の試行事業で「認定相当」に選ばれた。鳥をテーマとした活動が社外からも評価された。ネイチャーポジティブに向け、鳥が過ごしやすい環境整備にいっそうの熱が入る。次はどんな鳥がやって来るのか、サイトの情報発信からも目が離せない。

※**市民調査員と連携した生物季節モニタリング**：環境省と気象庁も連携し、春の開花の早期化や秋の紅葉の遅れなどの現象を調べ、気候変動が生物や人の生活、経済に与える影響を研究する。植物32種、動物34種が対象。カキやタンポポ、ツバキ、ツバメ、セミなど身近な動植物も対象となっており、参加希望者は自由に選べる。

担当者の声

キャノン　サステナビリティ推進本部　天野 真一さん

「CANON BIRD BRANCH PROJECT」は、東京都大田区の本社から始めた生物多様性保全活動です。

10年前、日本野鳥の会の方を初めて敷地に招待した際に「ここには鳥が50種類はいますよ」と教えていただき、とても驚いたことが活動の契機になりました。

プロジェクトメンバーとともに耳を澄ますと、さまざまな鳥の声が聞こえてきました。さらに観察を進めると、多くの鳥が生息していることが分かりました。身近にいるたくさんの鳥の存在に今まで気が付かなかったこと、意識を変えただけで見える世界が広がったことに衝撃を受けました。

そして、その驚きを社員に伝える啓発活動を始めました。社内で鳥の写真展や講演会を開催したり、家族と参加できる探鳥会なども企画しました。最初はあっさりとした反応でしたが、次第に敷地内に多くの鳥が生息していること、鳥が生物多様性のシンボルであることが浸透していきました。さらに、国内にある他拠点や海外拠点にも活動を広げました。そこでも当初の反応は薄いものでしたが、徐々にポジティブな反応に変わっていきました。現在では、各拠点で鳥に優しい環境づくりが進むとともに、生物多様性

の大切さに想いが及び、さまざまなアイデアで活動が進展しています。

プロジェクト名にある「BRANCH」には、「木の枝」という意味に加えて「支店」「支社」といった意味もあります。「世界中のキヤノンの拠点を鳥たちの止まり木にしたい」という想いで名付けました。活動当初の願いが着実に実現していることを嬉しく感じています。今後もネイチャーポジティブに資する活動を目指し、プロジェクトを発展させていきたいと思います。

3-5 アレフ

環境に配慮した持続可能な米づくり、生産者とともにネイチャーポジティブ

アレフは、生物多様性に配慮して育てた「省農薬米」を仕入れて、ハンバーグレストラン「びっくりドンキー」で提供している。農薬や化学肥料の使用に厳しい制約があっても生産者にもメリットがある。サプライチェーンを通じたネイチャーポジティブへの取り組みだ。

省農薬米は、除草剤は使用1回、化学合成した殺虫剤と殺菌剤は使用禁止、化学肥料の使用は生産地の水準の窒素成分量50％以下で栽培した米。アレフの独自基準であり、契約農家に求めている。

同社は1999年、直営店の一部で省農薬米を実験導入した。2006年からはフランチャイズ（FC）も含めた全店に導入し、現在は約340店のびっくりドンキーで省農薬米を提供している。契約する生産者はおよそ400軒。省農薬米の仕入れ量は年

5000トンだ。

「実印を押せるお米」を、環境や安全に責任

農薬は農作物を虫や病気から守り、化学肥料は生育を助ける。どちらも米や野菜の収穫量を増やし、戦後復興期から食料供給を支えてきた。プラス面がある一方で、過剰に与えると土壌汚染や生態系の破壊、健康被害を招く恐れがある。日本は高温多湿で虫や病気が発生しやすく、海外に比べて農薬や化学肥料に頼ってきた。

アレフは企業使命の1つに「人間の健康と安全を守り育む事業の開拓」を掲げ、食品を扱う会社として食材に責任を持つべきだと常に考えていた。「だれが、どこで、どうやって作っているのかがわかるお米」が責任の証しの1つであり、「生産者が実印を押せるお米」と表現していた。

「だれが、どこで」は生産者と取引する契約栽培で責任を果たせる。つくり方について環境や食の安全への配慮が欠かせない。活動当初は農薬や化学肥料を使わない有機農業※での米づくりを模索し、アレフは自社で農場を保有して有機農業を実験した。生産者と協議を重ね、省農薬米の基準にたどり着いた。

実際、有機農業はハードルが高い。国が定めた有機JAS規格※では農薬や化学肥料を3年不使用で育てないと有機栽培米と認められない。また、認証機関から検査を受けな

有機農業：有機農業推進法では①化学肥料や農薬を使用しない、②遺伝子組み換え技術を利用しない、③農業生産に由来する環境への負荷をできる限り低減すると定義している。

有機JAS規格：JAS法に基づいた生産方法に関する規格。JASは日本農林規格の略。

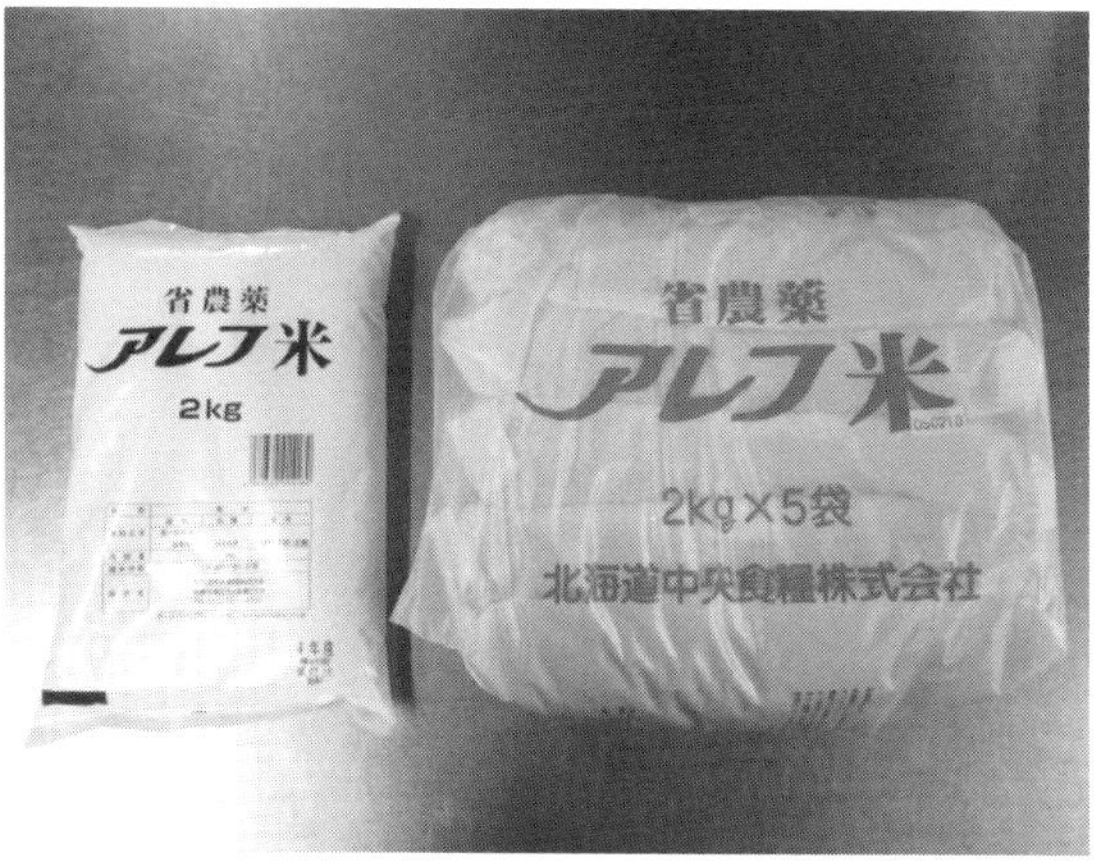

図3・19　省農薬米・アレフ米

いと「有機JASマーク」を表示できない。農林水産省によると、米の総生産量に占める有機米はわずか0・10％（2019年度）だ。

農薬や化学肥料の使用を減らした「特別栽培米」※もある。省農薬米は特別栽培米よりも厳しい基準を設定している。

省農薬米は収穫量が落ちてしまう。農薬や化学肥料を通常通りに使う慣行栽培では10アールの水田から9俵から10俵を収穫できるが、省農薬米は8俵から8・5俵なので1俵ほど少ない。アレフは減少を補える価格設定で農家から省農薬米を購入している（図3・19）。

同社仕入調達部の菊地康純さんは「相場よりも高いという表現は語弊が

特別栽培米：農水省は表示ガイドラインを策定し、農産物が生産された地域の慣行レベルに比べ農薬の使用回数が50％以下、化学肥料の窒素成分量が50％以下を基準としている。

ある」と強調する。なぜなら「環境や安全に配慮したお米を生産していただいた手間と価値に見合った価格と考えている。私たちも基準を満たした米を安定して供給していただいている」からだ。市場価格ではなく、環境や安全が価格の基準だ。

生産者も省農薬米の栽培を続けるとコツをつかみ、収量がアップしたという。また「生産者も自分が作ったお米がびっくりドンキーで使われていると分かる。一緒に責任を持っていただく形なので、生産者のモチベーションにもなると思う」（菊地さん）と話す。アレフと生産者がともに価値を共有できる関係が成り立っている。

品質を保証するための確認も重要だ。アレフは生産者から栽培履歴と出荷者証明書を受け取り、基準への適合をチェックしている。また、現地監査にも行く。毎年4月から5月、菊地さんたちは11産地と16カ所の精米工場を回る。精米工場では契約農家が出荷した米の所在を確かめ、契約外の生産者の米の混在がないことをチェックする（**図3・20**）。

アレフ専用タンクを用意している工場があれば、契約外の生産者の米と混ざらないように清掃する工場もある。各工場とも投入と精米後の米の量の記録をつけており、監査では帳票類の数値を付き合わせる。同行する若林賢次さん（同社仕入調達部）によると「精米機械は同じように見えるが、工場によって作業に違いがあり、丁寧に確認している。監査の時期は決まっているので1日に数カ所を回ったり、東北に1週間、滞在したりすることもある」という。

図3・20　現地に足を運び、アレフ米を監査している

「田んぼの生き物調査」を取引条件も、主体は生産者

2016年には基準を改定して「生物多様性配慮項目」を導入し、生産者が自身の水田に生息する生物を記録し、報告する「田んぼの生き物調査」を始めた。2023年からは年1回以上の調査を取引条件にする。

契約農家の水田は殺虫剤と殺菌剤が不使用なので、多くの生物が見つかる。省農薬米の栽培が水田の生態系保全・向上につながった証明だ。

当初は直営店の産地を対象とし、お客や従業員が参加するイベントとして生き物調査を始めた（図3・21）。2019年からFC向けの全産地を訪問し、生き物調査を呼びかけてき

図3・21　アレフ米の水田で行う生き物調査

た。その成果で2022年は生産者の95％が実施するまでになった。契約栽培の必須ルールにする2023年は100％の実施を目指す。

調査が生産者の過度な負担にならない工夫をしており、生物の写真付きの調査票を配布する。生産者は見つけた生物が多ければ二重丸、少なければ三角をつける。手書きでも問題はない。生き物調査を担当する荒木洋美さんは「やりやすく、楽しく、報告が見やすいという要素を抽出してオリジナルの調査方法にした。主体は生産者。高い調査能力は求めないが、熱心な方はどんどん詳しくなる」と説明する。

また「モニタリングが目的ではない。学術調査でもない。自分の田んぼを見つめ直してほしい。生き物を守るために何ができるのか、考えるきっかけになればいい」と期待する。

生き物調査は水を抜く「中干し[※]」前に実施する。水田に多くの生物がいる時期であり、小さな生命の営みを考えるタイミングとしても最適だ。「水を抜くとヤゴ（トンボの幼虫）が死んでしまう。生産者は中干しを遅らせ、成虫になるのを待つ。その行動が生物多様性を守ることになる」と語るように、生産者の気付きにつながっている。

また、成虫になると害虫を食べる生物もいる。生態系を使って害虫駆除ができるので、殺虫剤や殺菌剤を使わなくて済む。

荒木さんは「FC向けの調査を始める時、各産地を回ると生産者は戦々恐々としていたと思う。しかし、始めるとみなさん楽しそう。お孫さんや地域の小学校と一緒に調査する生産者もいる」と、好意的な反応を語る。荒木さん自身は「私はおそらく日本でもっとも、生き物調査をしている人間のひとり」と誇らしげだ。シーズンになると1日にイベントを掛け持ちすることも珍しくない。

今のところ省農薬米や生き物調査の活動をホームページやSDGsレポートなどで公開はしているが、店舗では積極的に発信してはいない。もちろん「お米に対して十分な取り組みができている自負がある」（荒木さん）。来店者には美味しい食事を楽しんでもらい、満足してもらうことが優先。そして、提供した食事の〝背後〟に生物多様性に配慮した生産者がいる〝見えないお値打ち感〟を知ると満足度が向上するはずだ（図3・22）。

中干し：水田の水を抜いて乾かす作業。土中への酸素の補給や有害ガスの放出、過剰な分けつ抑制などの効果がある。

ネイチャーポジティブが社会からの要請になり、企業の生物多様性保全に注目が集まる。今後取り組みをどのように伝えていくか、より伝わりやすい発信方法を検討するが、「どなたでも来店いただき、たくさん食べていただくことが、結果として自然や水田を守ることにつながっていくのがいい」（同）と意気込む。

図3・22　びっくりドンキーでの食事と生物多様性はつながっている

省農薬米の価値、自然資本プロトコルで定量化

アレフは2019年、企業活動と自然との関係を明らかにする「自然資本プロトコル※」を用いて、省農薬米の価値を評価した。コミュニケーション向上が狙いの1つ。省農薬米は生物多様性への配慮が評価されているが、価値を定量的に伝えることができていなかった。そこで、国際的に認められた手法で価値を評価して結果を社内外へ発信しようと考えた。

評価にあたって基礎的なデータが不足し

自然資本プロトコル：自然資本コアリション（Natural Capital Coalition、本部イギリス）が開発した。企業が持つ自然資本への影響と依存度を評価して可視化し、経営判断に活かす標準化された枠組み。

ていたが、省農薬米を有機栽培米や慣行栽培米と比較した。

環境面については下流への影響を評価した。農薬や化学肥料が水田から河川へ流れ出るためだ。有機栽培米は農薬と化学肥料の使用がないので影響はゼロ。省農薬米は汚染を招いたとしても、回復にかける費用は慣行栽培米よりも大幅に抑制できる。

人的資源への依存度は省農薬米が小さかった。荒木さんは「有機栽培米と省農薬米の違いは除草に尽きる」と理由を解説する。有機栽培米は除草剤を使わないため環境影響はないが、生産者にとって草取り作業の負担がある。省農薬米は除草剤1回を散布するだけでも草取りの負担を大きく軽減できる。除草剤の散布作業が少ないので、慣行栽培米と比べても人的資源への負荷が少ない。

また、価格は有機栽培米と比べると下がるが、慣行栽培米よりも高く、省農薬米は経済的な価値もある。さらに、生き物調査を含めた生物多様性への取り組みはブランディングなどの宣伝価値もあると評価できた。

自然資本プロトコルの結果から、荒木さんは「省農薬米は有機栽培米の〝劣化版〟ではない。生産者に大きな負担をかけずに生物多様性に配慮した米作りができる。省農薬米は持続可能な生産形態と言える。私たちも、安定した品質のものを安定した数量を仕入れる取り組みだ」と自信を持って語る。

ネイチャーポジティブを基軸とした経済への移行が始まると、企業はサプライチェーン全体での自然再生への取り組みが求められる。同時に透明性のある情報公開も迫られる。省農薬米は、事業活動を通じた自然再生とサプライチェーンの持続可能性に貢献する好例と言えそうだ。

担当者の声

アレフ　エコチーム　荒木 洋美さん

私は2006年に、「ふゆみずたんぼプロジェクト」担当になりました。業務の内容は、生物多様性を向上する農法として注目されていた「ふゆみずたんぼ」を、北海道の地で自ら再現してみようというものでした。社外から招いた有機農業と生き物調査の指導者の下、たった10アールの小さい田んぼでお米作りをしました。その他に、北海道内の生産者とふゆみずたんぼの実践、生育調査、生物のモニタリング、体験イベント、セミナー開催など、多岐に渡る業務を経験しました。

これらの経験を、びっくりドンキーの省農薬米の取り組みに活用したのが2009年です。「ふゆみずたんぼ」は完全無農薬・無化学肥料でしたので、当時の私はいかに省農薬米を、その方向に近付けるかを考えていました。それを実現するために、生産者・仕入れ担当者・広報担当者・店舗の従業員など、さまざまな人たちと意見交換をしました。当初は、有機栽培や生物多様性保全の方向性が周りになかなか理解してもらえず、

敵のように感じていました。しかし、それぞれの立場による「譲れないこと」「大事なこと」「汲み取って欲しいこと」をお互いに理解して、譲歩しあえたことで、段々と頼もしい協力者に変わっていきました。

その後、省農薬米・有機栽培・慣行栽培の比較・調査を行って、有機栽培は技術の1つであり目的ではない、と私自身も考えを見直すようになりました。最終的に〝持続可能〟な米作りと〝安全〟な米作りの両方を実現するためには、「生物多様性を保全」することが不可欠である、ということを全員で意思統一することができました。

ネイチャーポジティブの取り組みは、それぞれの企業の中にすでに存在しているかもしれません。今、実際に行っている活動を見直し、見方とアプローチを変えることで気付くこともあると思います。周りの人達と意見交換し、お互いの立場を理解し合うことで、生物多様性保全の方向性を伸ばしてみてはどうでしょうか。

コラム

逃がすと違法に⁉ アメリカザリガニとアカミミガメ

工場でアメリカザリガニやアカミミガメを見つけたら、注意が必要だ。不用意に飼育してしまうと後悔するかもしれない。

この2種は学校や家で飼育する身近な生物。しかし日本の生態系に深刻なダメージを与える外来種であり、政府は2023年6月から販売や野外へ逃がすことを禁止する。

威嚇するアメリカザリガニ

アメリカザリガニは体が赤く、ハサミを持ち上げて威嚇ポーズをとる（図）。ミドリガメとも呼ばれるアカミミガメ。幼い時は3㎝ほどだが、成長すると30㎝近くになる。どちらもアメリカが本来の生息地だが、20世紀半ばに日本に持ち込まれた。

アメリカザリガニは水草を切ったり、水生昆虫を食べたりして生態系を乱している。環境省によると兵庫県ではジュンサイを育てる、ため池が激減した。ジュンサイは芽や茎が食用となるため、ため池で栽培する業者が多い。そこにアメリカザリガニが増殖し、ジュンサイの育つ環境が乱されてしまったのだ。他にも各地でトンボ類やゲンゴロウ類の減少が確認されている。

アカミミガメは日本のカメと日光浴の場所を巡って争い、水生植物や魚、両生類などに影響を与えている。また、レンコンやイネなど農作物被害も起きている。

2種は、2023年6月1日から「条件付特定外来生物」に指定され、輸入や販売、購入、景品などでの大量配布、これらを目的とした飼育が原則禁止となる。一般の人や学校での飼育は認めるが、野外に逃がすと違法となる。容器から逃げ出しても違法だ。

環境省は野外で捕まえても安易に持ち帰らないでほしいと呼びかけている。今後、工場の緑地整備で見つかるかもしれない。対応が不明な場合、同省の相談ダイヤル（0570・013・110）まで。

おわりに

執筆に当たって多くの方に協力いただいた。そして、どのような取り組みがネイチャーポジティブの実践につながるのか、たくさんのヒントをもらえた。この場で感謝を伝えたい。

九州大学の馬奈木俊介さんはインタビューで「自然と結び付きの強い地域の活性化」を強調していた。MS&ADグループの浦嶋裕子さんも、さまざまな社会課題が気候変動と自然に紐づいており、「自然再生は地方創生だ」と語っていた。そして2人とも、農林水産業の支援に触れていた。

単純に自然の回復に貢献しようと考えると、対象が広すぎて何をしてよいか分からなくなる。農林水産業をターゲットにすると、何ができるのか見えてくる。林業が盛んになると山が手入れされる。耕作放棄地が減ると地域での収穫が増え、水害対策になる。「農林水産業の振興＝ネイチャーポジティブ＝地域活性化」が成り立つ。この法則は、企業にとってビジネスと生物多様性向上を両立させるヒントだと思う。自治体も協力できる。

森林総合研究所の藤井一至さんからは、海外にも目を向ける重要性を指摘いただいた。途上国の土の劣化が、めぐりめぐって私たちの生活にも影響が及んでくるからだ。

今は海外から安価に調達できていいかもしれないが、将来のツケを考えるとリスクが大きい。

ＴＮＦＤタスクフォースメンバーの原口真さんからは場所によるリスクの違い、シーフードレガシーの花岡和佳男さんからはトレーサビリティの重要性を指摘してもらった。サプライチェーンの先まで目を向けないと事業活動を通じたネイチャーポジティブを実践できない。

生物多様性の喪失がビジネスリスクと気付き、対策を講じるには経営陣の理解が求められる。同時に、普段からの従業員への啓発も大切だ。ＮＥＣの石本さや香さん、パナソニックの中野隆弘さん、キヤノンの天野真一さんからは社内での取り組みについてコメントを寄せてもらった。はじめから多くの従業員に関心を持ってもらうことは難しいが、動画発信（ＮＥＣ）や探鳥会（キヤノン）などのイベントを通じて、社内に浸透させる工夫をしていた。

また、アレフの荒木洋美さんは社内外の方と意見交換しながら進めてきた経験から、お互いの立場を理解し合うことが重要だと助言してもらえた。他の企業担当者にも参考になると思う。

専門家からすると、この本ではネイチャーポジティブを語るには不十分だろう。しかし多くの企業関係者に関心を持ってもらい、取り組みを始めるきっかけになる内容だと自信を持っている。

ＳＤＧｓ（持続可能な開発目標）が日本中に浸透したように、産業界がネイチャーポジティブで盛り上がる光景を思い浮かべながら、執筆を終えたい。

２０２３年４月　　松木 喬

〈参考資料〉ネイチャーポジティブによるビジネス機会

領域	機会項目	機会概要
食料・土地・海洋の利用	エコツーリズム	環境に配慮した観光の需要が持続的に増加することによりエコツーリズム市場が拡大する
	自然気候ソリューション（ＮＣＳ）	①森林再生②泥炭地再生③森林転換の回避④草原転換の回避⑤泥炭地への影響回避、という5つの経路により炭素隔離が進み、炭素コスト削減となる
	劣化した土地の復元	土壌劣化を回避するとともにすでに劣化している土壌を復元することで、作物収量の減少を回避でき、炭素コスト削減となる
	有機食品・飲料	有機飲料・食品の消費者需要の持続と供給量の増加により有機飲料・食品市場が拡大する
	大規模農場における技術	大規模農場において、技術革新による作物収量の増加分だけ必要な土地面積が縮小することで土地コストが減少する
	バイオイノベーション	研究開発費の増加、規制当局による製品認可、消費者受容性の向上などにより、ゲノム編集を利用した品種改良（多形質種子改良）など、作物の高度な育種および施肥技術市場が拡大する
		研究開発費の増加、規制当局による製品認可、消費者受容性の向上などにより遺伝子配列決定などの家畜の高度繁殖技術市場が拡大する
	畜産収益力強化	技術コストの低下と小規模農家へのアクセス向上により、畜産・養殖における疾病対策としての動物用健康診断技術市場が拡大する
	持続可能な農薬・肥料	バイオ農薬については、規制・政策強化や有機食品に対する需要・消費者の意識の高まりにより市場が拡大する。バイオ肥料については、環境問題への関心の高まりにより精密農業や保護農業が採用されることにより市場が拡大する。有機肥料については、規制・政策強化により市場が拡大する
		肥料使用の削減と作物への施用方法の改善による窒素負荷を回避でき、炭素コスト削減となる
		主作物が生育していない時期に被覆作物を植えることによる追加的な炭素隔離により、炭素コスト削減となる
	アグロフォレストリー	防風林、路地栽培、農家による自然再生の取組による炭素隔離により、炭素コスト削減となる
	持続可能な養殖	養殖方法の改善（廃棄物管理等）とより価値の高い養殖物に対する消費者需要の増加（主に中国）による養殖市場の拡大

領域	機会項目	機会概要
食料・土地・海洋の利用	天然漁業管理	最大持続可能漁獲量にあったレベルの漁獲と政策的介入により天然漁業の損失を削減する
	二枚貝生産	持続的な需要増加と沿岸湿地の復元により二枚貝市場が拡大する
	持続可能な林業	持続可能な森林経営（ＳＦＭ）の認証を受ける森林面積がＢＡＵの54％（２０１７年時点）からＮＰＥでは１００％に達することで認証森林から得られる利益が増加する
	非食料・木材林産物（ＮＴＦＰ）	過剰摂取による毒性がなく副作用の少ない伝統的な医薬品に対する消費者需要の高まりや、研究投資・資金調達の活発化により漢方薬市場が拡大する
	消費段階における食品廃棄物の削減	ＳＤＧｓ目標達成に向けて消費段階、食品サービス、食品小売における食品廃棄物を減少させることにより、食品廃棄物処理コストを削減する
	多様な野菜・果物	世界全体の果物・野菜に関する標準摂取量の水準向上により果物・野菜市場が拡大する
	代替肉	研究開発規模を拡大して生産コストを低減し、タンパク質原料の利用率を高め、消費者向け製品の差別化に向けてさまざまな手段を講じることで、代替肉市場が拡大する
	植物由来の代用乳製品	健康上の利点の認識と食生活の選択肢の拡大による持続的な需要増加と、生産規模の拡大による価格の低下により、牛乳、ヨーグルト、バターなどの代替乳製品の市場が拡大する
	ナッツ・種実類	世界全体のナッツ・種実類に関する標準摂取量の水準向上によりナッツ・種実類市場が拡大する
	食品廃棄物の利活用	ＧＨＧ排出を抑制する厳しい環境法の制定を通してバイオガスの利用を積極的に促され、バイオガス市場が拡大する
		非可食部食品廃棄物のコンポスト化（埋め立て処分から回避）がＢＡＵではＳＤＧｓ目標値に整合して全体の50％に、ＮＰでは１００％に達することによる処理コスト削減
	サプライチェーンにおける食品廃棄物の削減	ＳＤＧｓ目標達成に向けて作物収穫後のサプライチェーンにおける食品廃棄物を減少させることによる、食品廃棄物処理コストの削減
	Farm-to-Forkモデル	e-コマース市場のＣＡＧＲと同等の水準で農家から消費者への農産物直売市場が拡大する
	木材サプライチェーンの技術	２０３０年には収穫されたすべての産業用丸太に対して、木材サプライチェーンにおける木材サンプルのＤＮＡフィンガープリント技術が適用されることで当該技術の市場が拡大する（産業用丸太US$0.75 to US$1 per cubic metre）
		２０３０年には収穫されたすべての産業用丸太に対して、木材調達地域の樹木個体群のサンプルに適用されたＤＮＡマッピング技術が適用されることで、当該技術の市場が拡大する（産業用丸太US$829 per cubic metre）

領域	機会項目	機会概要
インフラ・建設環境システム	住宅シェアリング	観光客の増加、共有スペースや媒体の供給増加、新たな共有モデルなどにより、訪問者や観光客のための住宅シェアリング市場が拡大する
	フレキシブルオフィス	オフィススペースや新しいシェアリングモデルへの適正支出によりフレキシブルオフィス市場が拡大する
	エネルギー効率：建物	新規ビルの暖房効率、暖房改修、家電・照明の3つのレバーにおけるエネルギー消費効率が向上することでコストが削減される
	スマートメーター	OECDのGDPに占めるアメリカの割合に基づき、民生用スマートメーター市場が拡大する
	グリーンルーフ	インフラ支出、グリーンビルディング設計の増加により、建物におけるグリーンルーフ市場が拡大する
	廃棄物管理	自治体の支援政策、廃棄物分別技術の革新、消費者教育により、廃棄物管理市場が拡大する
	下水再利用	自治体の支援政策と水処理・浄化インフラへの投資により、下水再利用の市場が拡大する
	水供給のための天然なシステム	水源地や集水域を復元して水供給に利用することで、人為的に整備されたインフラよりさらに水コストを削減する
	気候変動起因の災害に対するレジリエンスの構築	沿岸湿地の回復に必要な投資を行うことで、沿岸地域の洪水による追加損失を減らし、保険業界が支払うコストを削減する
	持続可能なインフラ・ファイナンス	環境・社会・経済的に持続可能な交通インフラに対する民間機関投資家からの投資額の増加
	グリーン長距離輸送	運輸部門における再生可能電力と第2世代液体バイオ燃料・バイオガスの市場が拡大する（IRENAのREMapケースに沿って市場が拡大するとして算定）
	第4次産業革命（4IR）が可能にする長距離輸送	交通事故の増加、ドライバー不足、安全機能に関する政府の規制、配送・輸送コストの削減、効率的かつ機能豊富な最新トラックへのニーズの高まりなどにより、自動運転トラック市場が拡大する
		低コストでより速く、より効率的な配送を求める需要の高まりなどにより、ドローン市場が拡大する

領域	機会項目	機会概要
エネルギー・採掘活動	循環型経済：自動車	自動車業界における循環型経済の導入（材料使用量の削減、自動車分野における材料のリサイクルと再利用の増加、および新しいオーナーシップモデル）による材料費の削減
	循環型経済：家電製品	家電業界における循環型経済の導入（材料使用量の削減、機器材料のリサイクル・再利用の増加）による材料費の削減
	循環型経済：エレクトロニクス	エレクトロニクス業界における循環型経済の導入（材料使用量の削減、電子機器材料のリサイクル・再利用の増加）による材料費の削減
	最終使用鋼材効率	建設・機械・自動車分野における鉄鋼使用の効率化（軽量化やスクラップリサイクルの増加）による材料費の削減
	3D積層造形技術	3Dプリンティングの導入による材料費の削減
	循環型経済：建設	床材、家具などの建物から発生する使用済み廃棄物のリサイクル・再利用による建築物の木材費の削減
		耐久性・モジュール性の高いコンポーネントの設計による建築物の材料費の削減
	包装廃棄物の削減	材料使用料の削減、プラスチック包装材のリサイクル・再利用の増加によるプラスチック包装材の経済的価値損失の削減
	再生可能エネルギーの拡大	IRENAのREMapケースに沿って、発電分野における再生可能エネルギー市場が拡大する
	ダムの改築	生態系の損失を低減させるためのダムの改築実施割合が増加することによる費用の増加

※世界経済フォーラム（2020）では、ネイチャーポジティブなビジネスモデルに従事する機会を68種特定しており、日本版では51種を対象として算定

（出典：世界経済フォーラム（2020）"New Nature Economy Report II：The Future Of Nature And Business", AlphaBeta（2020）"METHODOLOGICAL NOTE TO THE NEW NATURE ECONOMY REPORT II：THE FUTURE OF NATURE AND BUSINESS"をもとに、ネイチャーポジティブ経済研究会が作成）

〈著者略歴〉

松木　喬（まつき・たかし）

日刊工業新聞社　記者

1976年生まれ、新潟県出身。2002年、日刊工業新聞社入社。2009年から環境・CSR・エネルギー分野を取材。日本環境ジャーナリストの会副会長、日本環境協会理事。主な著書に『SDGsアクション＜ターゲット実践＞インプットからアウトプットまで』（2020年）、『SDGs経営“社会課題解決”が企業を成長させる』（2019年）、雑誌『工業管理』連載「町工場でSDGsはじめました」（2020年1-10月号、いずれも日刊工業新聞社）。

自然再生をビジネスに活かすネイチャーポジティブ
企業成長につなげる環境世界目標

NDC519.8

2023年５月30日　初版１刷発行

定価はカバーに表示されております。

©著　者　松木　喬
発行者　井水治博
発行所　日刊工業新聞社

〒103-8548　東京都中央区日本橋小網町14-1
電話　書籍編集部　03-5644-7490
販売・管理部　03-5644-7410
FAX　03-5644-7400
振替口座　00190-2-186076
URL　https://pub.nikkan.co.jp/
email　info@media.nikkan.co.jp

印刷・製本　新日本印刷

落丁・乱丁本はお取り替えいたします。　2023　Printed in Japan

ISBN 978-4-526-08276-4